Ankitesh Shrivastava
Ajay Verma

Semeador rotativo de arroz não ativo

Ankitesh Shrivastava
Ajay Verma

Semeador rotativo de arroz não ativo

Obtenção da produção automatizada

ScienciaScripts

Índice:

**Dedicado aos meus
queridos
avós**

Capítulo 1
INTRODUÇÃO

1. Desfolhador de arroz (desfolhador mecânico)

Chhattisgarh é um dos principais estados produtores de arroz da Índia, conhecido popularmente como a bacia de arroz do país. Na Índia, o controlo das infestantes é um dos principais problemas na cultura do arroz, representando a maior parte dos custos de cultivo. A monda pode ser efectuada de duas formas, nomeadamente a monda mecânica e a monda química. Ambos os tipos de operação se revelam eficazes na remoção das ervas daninhas, mas a operação química revela-se dispendiosa e também prejudicial para as culturas. Kepner et al. (1978) afirmam que o método mecânico de controlo das ervas daninhas é o melhor, com poucas ou nenhumas limitações, devido à sua eficácia. Por conseguinte, os sachadores mecânicos, que efectuam simultaneamente a monda e a sacha, reduzem o tempo despendido na monda (horas-homem), o custo da monda e o trabalho árduo envolvido na monda manual. Os estudos revelaram que não existe um modelo versátil de sachador. No entanto, trata-se de uma tecnologia específica de uma região, cuja conceção difere de região para região para satisfazer as exigências do tipo de solo, das culturas cultivadas, do padrão de cultivo e da disponibilidade de recursos locais (Yadav, 2007). Por conseguinte, foi feito um esforço para desenvolver um extirpador de ervas daninhas que satisfaça a procura dos agricultores em Chhattisgarh e foi testado no terreno do ponto de vista ergonómico para verificar a sua eficiência.

A monda mecânica requer muita mão de obra e representa cerca de 25% do total de mão de obra necessária (900-1200 horas-homem/hectare) (Nag, 1979). Para o controlo mecânico das ervas daninhas, são utilizadas sobretudo forças humanas e animais. O controlo mecânico das ervas daninhas não só desenraíza as ervas daninhas entre as linhas da cultura como também mantém a superfície do solo solta, assegurando um melhor arejamento do solo e uma melhor capacidade de absorção de água. O custo da monda pode ser substancialmente reduzido através da introdução de ferramentas de monda melhoradas. A capacidade de produção de mão de obra humana é aumentada em 8 a 10 vezes na monda através da utilização de sachadores mecânicos (Mishra, 1993). A máquina de sacha é normalmente utilizada como instrumento de sacha na cultura do arroz. Uma vez que o sachador é uma máquina de monda operada manualmente, o nível de pressão exercido sobre a ferramenta não será sempre o mesmo, a força máxima de empurrão que pode ser exercida por um ser humano é de 245,16 N e a força máxima de tração é de 215,75 N, pelo que deve ser dada a devida atenção ao seu funcionamento e à forma como é fabricado (Verma, 2007). O sachador é constituído principalmente por lâminas de corte, tambor, cabo e biela entre a lâmina e o cabo.

Tendo em conta a enorme procura do sachador de arroz no cenário atual e, por outro lado, o facto de os trabalhadores operarem atualmente sem gabaritos e acessórios, as peças foram soldadas com base em observações visuais, o que resultou numa imprecisão das dimensões, num mau acabamento e na falta de permutabilidade. Foram concebidos e desenvolvidos na oficina da Faculdade de Engenharia Agrícola gabaritos para servir este único objetivo. A produção em massa tem como objetivo uma produtividade elevada para reduzir o custo unitário e a permutabilidade para facilitar a montagem. Para tal, são necessários dispositivos de produção para aumentar a taxa de fabrico e dispositivos de inspeção para acelerar o processo de inspeção. Atualmente, as novas máquinas-ferramentas, as ferramentas de corte de elevado desempenho e os processos de fabrico modernos permitem às indústrias produzir peças mais rapidamente e melhor do que nunca. Para contrabalançar a necessidade e a produção, a implementação de gabaritos e dispositivos na linha de produção é extremamente importante para produzir boas peças com baixo custo e alta qualidade.

Quando são propostas alterações num método de fabrico, é necessário avaliar primeiro a extensão da alteração. Do mesmo modo, no que respeita à máquina de sacudir arroz, a alteração deve situar-se dentro dos limites definidos para os parâmetros do processo de fabrico. Neste caso, uma vez que foi demonstrado que todo o processo produz um produto que satisfaz o objetivo do projeto, a alteração do processo pode ser autorizada sem qualquer validação adicional do processo.

Durante a fase inicial do estudo, a atenção centrou-se na conceção e na estratégia de fabrico relacionadas com a produção de uma máquina de cortar ervas daninhas. As operações envolvidas no processo de produção consistiam em várias operações, tais como marcação, corte, marcação com broca, perfuração, tratamento térmico, soldadura, união e pintura. Todos os processos foram executados em simultâneo e examinados criticamente, um após o outro, durante pelo menos duas horas cada, na oficina da Faculdade de Engenharia Agrícola, e o tempo consumido por cada operação foi calculado com a exatidão envolvida, para avaliar todo o processo. O tempo médio de todos os processos envolvidos foi calculado, o tempo consumido no corte, na dobragem, na marcação e em vários processos de união, como a soldadura e o corte de dentes, foi surpreendentemente elevado e a precisão envolvida foi mínima, pelo que chamaram a atenção.

Com base nesta avaliação, verificou-se que havia processos que necessitavam de ser actualizados para permitir a produção em massa com menor consumo de tempo e desperdício de material e maior precisão. Uma vez que havia muitos parâmetros que necessitavam de atenção, surgiu a necessidade de conceber os gabaritos para os processos. O gabarito é um dos componentes mais importantes nos processos de fabrico de peças de precisão na produção em massa. Tanto os custos de material como o tempo de fabrico serão reduzidos em muitos dos processos envolvidos nas etapas de fabrico, o que significa que o custo dessas etapas também será reduzido.

O projeto proposto para este dispositivo pode ser útil para aumentar a produção e, por conseguinte, oferecer resultados frutíferos para o capital investido neles quando são finalmente instalados e colocados em funcionamento na linha de produção. O estudo centra-se na contabilização das economias de custos após a implementação, o que é considerado adequado para contar como economia de custos de um processo de fabrico, sem comprometer a qualidade de todo o equipamento. Mas a necessidade é saber onde essas poupanças de custos devem ser aplicadas e como alavancar as poupanças para maximizar a produção, os contratos com clientes ou o reinvestimento no desenvolvimento de equipamento.

Os gabaritos foram concebidos com a ajuda do software Solidworks 2012 para servir as operações pretendidas, tendo sido posteriormente desenvolvidos na Faculdade de Engenharia Agrícola, na oficina. Quando o protótipo final do gabarito ficou pronto, foi cuidadosamente avaliado quanto ao objetivo final, ou seja, a redução do tempo envolvido em várias operações, com a manutenção da precisão em todas as operações e a redução do desperdício de material com a melhoria do seu desempenho nas condições reais de trabalho. Satisfeitos com o protótipo final do gabarito, procedeu-se ao seu fabrico.

1.1.1 Cenário atual

Atualmente, a procura de desramadores de arroz é de milhares e está a aumentar de dia para dia, sendo que a necessidade era de cerca de 300 no ano 2007-08, tendo aumentado para cerca de 8000 no ano 2009-10 e para cerca de 15000 em 2013-15. A partir dos dados, é bastante evidente que, uma vez que a necessidade de monda de arroz está a aumentar de forma exponencial, o processo de produção também deve ser melhorado em relação à necessidade.

1.2 Gabaritos e acessórios

Os gabaritos são ferramentas especiais utilizadas para facilitar os processos de fabrico, como as operações de maquinagem, montagem e inspeção. A produção em massa de peças de trabalho baseia-se no conceito de permutabilidade de ferramentas, segundo o qual cada peça é produzida dentro de uma tolerância estabelecida. Os gabaritos fornecem um meio de fabricar peças intercambiáveis, uma vez que estabelecem uma relação com tolerâncias pré-determinadas, entre o trabalho e a ferramenta de corte (Ali M. et al, 2013). Uma vez que o gabarito esteja corretamente configurado, qualquer número de peças duplicadas pode ser prontamente produzido sem configuração adicional. São utilizados em operações de perfuração, alargamento, fresagem e roscagem. Podem ser vantajosos numa linha de produção de várias formas, uma vez que eliminam a produção individual, o posicionamento e a verificação frequente, ajudando a reduzir o tempo de operação e a aumentar a produtividade. Com a utilização de gabaritos no processo de produção, não há necessidade de montagem individual selectiva. Os gabaritos e acessórios são dispositivos utilizados numa indústria transformadora, especialmente na indústria de máquinas.

Um conceito simples de entender, os gabaritos são ferramentas de guia e os dispositivos de fixação são ferramentas que seguram a peça de trabalho. São fornecidos para converter máquinas-ferramentas standard em máquinas-ferramentas especializadas. São normalmente associados à produção em grande escala por operações semi-qualificadas, mas também podem ser utilizados para a produção em pequena escala quando a permutabilidade é importante e por operadores qualificados ou maquinistas quando a peça de trabalho é difícil de segurar sem equipamento especial. Os gabaritos são concebidos para atenuar certas dificuldades nas operações artesanais, são suficientemente flexíveis na sua utilização e podem ser adaptados de várias formas para se adequarem à produção. Os gabaritos alargam o âmbito da operação e reduzem a dificuldade da capacidade operacional, permitindo também flexibilidade e adaptabilidade de várias formas.

Estes dispositivos estão equipados com acessórios para fins de orientação, fixação e apoio. Os gabaritos e acessórios perfeitos podem funcionar com repetibilidade e permutabilidade para produzir as mesmas peças na produção. Na indústria transformadora, os gabaritos e acessórios são o dispositivo mais importante que pode ajudar os trabalhadores no seu processo de produção, para o fazer mais rapidamente e de uma forma mais fácil.

1.3 Conceção da ferramenta de trabalho da prensa

Era necessário conceber uma matriz composta para facilitar o desencadeamento do processo de fabrico de lâminas de corte, através da operação de corte com a ajuda de uma prensa eléctrica. A atividade de conceção tem um papel importante no desenvolvimento de um novo produto. O tempo de conceção é muitas vezes decisivo em termos do tempo de comercialização do produto. A conceção de um molde composto aplica-se a moldes em que duas ou mais operações de corte, tipicamente perfuração, corte em branco e estiragem, são efectuadas na mesma estação e concluídas durante um único ciclo de prensagem. A prensagem é um processo de fabrico que consiste na aplicação de grandes forças por ferramentas de prensagem durante um curto intervalo de tempo, o que resulta no corte (cisalhamento) ou na deformação do material a trabalhar. Trata-se de um processo de fabrico sem aparas, através do qual são fabricados vários componentes a partir de chapas metálicas. Uma matriz composta é uma matriz utilizada apenas para operações de corte e é completada por um único curso de prensa.

O processo de aperto induz um efeito de bloqueio que, através de fricção ou de outras formas de mecanismo, proporciona uma estabilidade de localização que não pode ser alterada até e a menos que a carga externa seja capaz de ultrapassar o efeito de bloqueio (Krsulja, 2009). Assim, quando uma força de corte produz uma carga ou um momento na peça de trabalho, é necessário que seja exercida uma força de aperto suficiente para suportar tais acções. É também essencial que o tempo de inatividade que envolve a carga, o bloqueio, o desbloqueio e a descarga de peças de trabalho seja minimizado tanto quanto possível para reduzir o tempo total de preparação e de não maquinação. Os elementos de fixação podem ser operados manualmente ou acionados por meios pneumáticos, hidráulicos ou por uma combinação de outros meios de potência (Roy, 1994). Também são classificados de acordo com o mecanismo pelo qual se obtém uma vantagem mecânica.

1.4 Conceção de experiências

O design de experiências (DOE) é um método que pode ser utilizado para identificar as áreas críticas que causam perdas de rendimento num processo. Com a aplicação correta do DOE, os engenheiros de conceção ou os investigadores conseguem identificar a origem do problema de rendimento e corrigi-lo para produzir concepções sólidas e robustas com um rendimento muito mais elevado. No DOE, os três termos que precisam de ser claramente definidos são Factores, Níveis e Replicação.
Os factores ou parâmetros são variáveis importantes que afectam os resultados ou as respostas de produção. No entanto, nem todos os factores podem ter a mesma importância, uma vez que alguns factores podem ter um efeito mais proeminente sobre outros factores. Os "níveis", em termos mais simples, são valores possíveis para cada fator identificado através dos dados recolhidos (neste caso, os níveis são "baixo" e "alto"). Por exemplo, se forem atribuídos dois níveis a cada fator, um dos níveis é um nível inferior e o outro é um nível superior. Os valores destes níveis são atribuídos com base na literatura, na consulta de peritos ou é possível identificar os valores dos níveis através da experimentação antes da aplicação do método Taguchi (Jeyapaul, 2006) (Sibalija, 2010). Um fator de dois níveis proporciona um comportamento linear, enquanto um fator de três níveis se adapta melhor a um comportamento não linear.

1.5 Método de Taguchi

O método Taguchi é um processo de otimização, baseado na conceção estatística de experiências, e pode satisfazer economicamente as necessidades de resolução de problemas e de otimização da conceção de produtos/processos. A aplicação desta técnica pode reduzir significativamente o tempo necessário para a investigação experimental, uma vez que é eficaz na investigação dos efeitos de múltiplos factores no desempenho, bem como no estudo da influência de factores individuais para determinar qual o fator que tem mais influência e qual o que tem menos. O método cria uma matriz ortogonal normalizada para satisfazer este requisito.

Na maioria das situações de controlo de qualidade, o objetivo é produzir resultados tão uniformes quanto possível perto de um valor alvo. No caso em que um valor-alvo é o melhor, o objetivo dos métodos de Taguchi é duplo: centrar uma caraterística de qualidade medida num valor-alvo e minimizar a variação em torno deste valor-alvo. O primeiro passo na aplicação do método Taguchi é a conceção dos parâmetros. Os parâmetros são vários inputs que se suspeita ou se sabe terem um efeito na caraterística de qualidade, e podem incluir coisas como o caudal, a temperatura, a humidade ou o tempo de reação. O projeto de parâmetros é uma investigação para determinar quais as variáveis ou parâmetros que têm um efeito sobre a caraterística de qualidade.

O método de Taguchi visa a situação de fabrico. Para compreender o funcionamento dos métodos de Taguchi, é necessário considerar três situações possíveis relativamente a uma caraterística de qualidade de interesse. Estas três situações são: valores maiores são melhores, valores menores são melhores, valor alvo é melhor. Uma caraterística de qualidade é uma dimensão, propriedade ou atributo importante de um produto manufaturado. Os três casos devem ser considerados separadamente, de acordo com os requisitos do projeto. Este método tenta melhorar a qualidade ainda na fase de conceção, ao contrário dos planos de amostragem intensiva que inspeccionam o caminho para a alta qualidade "apanhando" os resultados fracos.

A conceção de um produto de alta qualidade e baixa variabilidade será muito mais barata do que um produto extenso ou em muito menos tempo. As variáveis que se suspeita terem algum efeito na caraterística de qualidade de interesse são conhecidas como factores. Nesta fase, qualquer conhecimento especializado sobre o assunto deve ser aplicado na seleção das variáveis a incluir como factores. As variáveis que se suspeita terem os maiores efeitos na caraterística de qualidade são geralmente consideradas em primeiro lugar.

1.5.1 Problemas estáticos

Geralmente, um processo a ser optimizado tem vários factores de controlo (parâmetros do processo) que decidem diretamente o valor alvo ou desejado da saída. A otimização envolve então a determinação dos melhores níveis do fator de controlo de modo a que a produção atinja o valor pretendido.

1.5.2 Problemas dinâmicos

Se o produto a otimizar tiver uma única entrada que decide diretamente a saída, a otimização envolve a determinação dos melhores níveis de factores de controlo para que a relação "sinal de entrada/sinal de saída" seja a mais próxima da relação desejada.

1.5.3 Factores de controlo

As variáveis de controlo representam os parâmetros ou factores que podem ser controlados pelo projetista ou pelo fabricante. Em contrapartida, as variáveis de ruído são os parâmetros que podem ter um efeito sobre a caraterística de qualidade mas que, em geral, não podem ser controlados pelo projetista, apenas podem ser minimizados. As variáveis que são dispendiosas ou muito difíceis de controlar podem também ser consideradas variáveis de ruído. Para analisar o efeito destas variáveis na caraterística de qualidade, realiza-se uma experiência clássica de Taguchi. São selecionadas várias definições para cada uma das variáveis de controlo e são temporariamente fixadas várias definições para cada uma das variáveis de ruído. Os factores controláveis são colocados no que é conhecido como a matriz interna. A matriz interna é algo semelhante à clássica "matriz de projeto". Cada linha desta matriz interna representa uma combinação particular de definições para os factores de controlo, ou um "ponto de conceção". Assim, uma matriz interna com oito linhas representa oito configurações possíveis dos factores de controlo. Os factores de ruído são colocados no que se designa por matriz exterior. As configurações para a matriz exterior devem representar uma gama de possíveis condições de ruído que serão encontradas na produção diária, embora na prática seja muito comum considerar apenas dois ou três níveis para cada um dos factores de controlo. Mais uma vez, estas definições são fixadas apenas para efeitos da experiência. Em geral, serão aleatórios.

1.6 Objectivos

1. Estudo do atual processo de fabrico de uma máquina de cortar ervas daninhas para arroz

Atualmente, o processo de fabrico envolvido na produção de sachadores na oficina da Faculdade de Engenharia Agrícola consiste em várias operações executadas com a ajuda de ferramentas básicas que envolvem um cortador para cortar as placas MS de diferentes formas e tamanhos e para cortar o tubo, ou seja, utilizado para unir o rotor a uma pega. O martelo e o cinzel estavam a ser utilizados nas marcações para a operação de perfuração e para produzir as lâminas de corte. Toda a operação era orientada para o trabalho, completamente sem a utilização de qualquer um dos processos avançados de engenharia e, portanto, consumindo muito tempo e esforços dos trabalhadores e também da direção.

2. Desenvolvimento de gabaritos e acessórios melhorados para a produção de escarificadores de arroz

Tendo em conta a elevada procura de sachadores no mercado e para satisfazer a procura e a oferta, era necessário acelerar todo o processo de fabrico, de modo a assegurar a produção em massa num determinado prazo. Daí a necessidade de desenvolver algumas operações, ou conjunto de operações, para facilitar o processo de produção. Na Faculdade de Engenharia Agrícola, foi concebido e desenvolvido um gabarito para servir este objetivo. Assegura a permutabilidade e, assim, os agricultores podem substituir e reparar componentes sem perder tempo adequado durante a operação de monda. É possível obter uma produtividade elevada com estes gabaritos para reduzir o custo unitário associado ao produto e a permutabilidade para facilitar a montagem. Para tal, são necessários dispositivos de produção para aumentar a taxa de fabrico e dispositivos de inspeção para acelerar o processo de inspeção.

3. Avaliação económica do processo de desenvolvimento

Com a introdução de qualquer novo elemento em qualquer processo, há sempre a necessidade de o avaliar, com base em vários factores. Assim, como uma inclusão no processo de produção, era necessário avaliar o impacto dos gabaritos e acessórios no mesmo e, desse modo, provar o valor da sua inclusão. Foi efectuada uma avaliação de todo o processo de produção através do método de Taguchi, após a introdução de gabaritos e acessórios no mesmo, de modo a tomar nota da eficácia dos mesmos no processo.

Capítulo 2
LITERATURA
REVISÃO

Com base nos objectivos definidos no capítulo 1 e na investigação efectuada sobre a evolução da máquina de sacudir arroz, as suas áreas operacionais e os desafios enfrentados pelos fabricantes durante a execução do processo de fabrico, bem como a necessidade de técnicas alternativas que ajudem a acelerar o processo de fabrico. Assim, para decidir os critérios de conceção dos gabaritos e dispositivos de modo a facilitar o processo, foi efectuada uma pesquisa bibliográfica pormenorizada para obter uma ideia mais clara sobre todos os aspectos.

O método Taguchi foi considerado uma forma eficaz de melhorar o desempenho através da otimização da conceção de engenharia dos produtos, sendo ainda útil para validar o processo de produção recentemente concebido. A metodologia Taguchi refere-se a técnicas de reforço da engenharia da qualidade que incorporam tanto o controlo estatístico do processo como as técnicas de gestão da qualidade.

Mahapatra S.S. & Patnaik A. (2006) revelaram que o método Taguchi é uma poderosa ferramenta de conceção experimental que utiliza uma abordagem simples, eficaz e sistemática para obter os parâmetros óptimos. Referiu que esta abordagem requer um custo experimental mínimo e reduz eficazmente o efeito da fonte de variação. É necessário desenvolver uma metodologia económica e fácil de utilizar para modificar as superfícies maquinadas e manter a precisão.

E\$me U. (2009) informou que a otimização dos parâmetros do processo é o passo fundamental no método de Taguchi para alcançar uma elevada qualidade sem aumentar os custos. Isto porque a otimização dos parâmetros do processo pode melhorar a qualidade e os parâmetros óptimos do processo obtidos através do método Taguchi são insensíveis à variação das condições ambientais e a outros factores de ruído. Basicamente, a conceção clássica dos parâmetros do processo é complexa e não é fácil de utilizar. Uma vantagem do método de Taguchi é o facto de privilegiar um valor médio da caraterística de desempenho próximo do valor-alvo, em vez de um valor dentro de determinados limites de especificação, melhorando assim a qualidade do produto.

Nalbant M. et al. (2006) informaram que a filosofia de Taguchi é amplamente aplicável. Propôs que a otimização de engenharia de um processo ou produto fosse realizada numa abordagem em três fases, ou seja, conceção do sistema, conceção dos parâmetros e conceção das tolerâncias. Na fase de conceção do produto, está envolvida a seleção de materiais, componentes, valores provisórios dos parâmetros do produto, etc. Quanto à fase de conceção do processo, trata-se da análise das sequências de processamento, da seleção do equipamento de produção, dos valores provisórios dos parâmetros do processo, etc. Uma vez que a conceção do sistema é uma conceção funcional inicial, pode estar longe de ser óptima em termos de qualidade e de custo.

Unal R. & Dean E.B. (1991) estudaram os métodos de engenharia da qualidade do Dr. Taguchi, utilizando o projeto de experiências (DOE), e referiram que se trata de uma das ferramentas estatísticas mais importantes da TQM para a conceção de sistemas de elevada qualidade a custos reduzidos. Taguchi define a qualidade como: "A qualidade de um produto é a perda (mínima) que o produto transmite à sociedade a partir do momento em que o produto é expedido". Os métodos de Taguchi proporcionam uma forma eficiente e sistemática de otimizar os projectos em termos de desempenho, qualidade e custo. A perda económica está associada às perdas devidas ao retrabalho, ao desperdício de recursos durante o fabrico, aos custos de garantia, às queixas e insatisfação dos clientes, ao tempo e dinheiro gastos pelos clientes com produtos defeituosos e à eventual perda de quota de mercado. Quando uma caraterística crítica da qualidade se desvia do valor-alvo, provoca uma perda. Por outras palavras, a variação em relação ao objetivo é a antítese da qualidade.

Rama Rao. S. & Padmanabhan. G (2012) revelaram que os procedimentos tradicionais de conceção experimental são demasiado complicados e não são fáceis de utilizar. É necessário efetuar um grande número de trabalhos experimentais quando o número de parâmetros do processo aumenta. Para resolver este problema, o método Taguchi utiliza um desenho especial de matrizes ortogonais para estudar todo o espaço de parâmetros com apenas um pequeno número de experiências. Os métodos de Taguchi têm sido amplamente utilizados na análise de engenharia e consistem num plano de experiências com o objetivo de adquirir dados de forma controlada, a fim de obter informações sobre o comportamento de um determinado processo. A maior vantagem deste método é a poupança de esforço na realização de experiências, a poupança de tempo experimental, a redução de custos e a descoberta rápida de factores significativos.

Krsulja, M. et al (2009) referiram que os dispositivos de fixação são utilizados para localizar, apoiar e fixar a peça de trabalho na orientação correta em relação à máquina-ferramenta. A disposição dos dispositivos de fixação assegura a qualidade e melhora a produtividade, garantindo a facilidade de carga/descarga do componente e a remoção de aparas. Também afirmou que, para produzir peças dentro dos limites de tolerância, a localização relativamente à ferramenta e à fresa deve ser consistente. Todos os doze graus de liberdade, seis graus de liberdade axiais e seis graus radiais, devem ser restringidos nos eixos centrais da peça de trabalho para garantir a referência correta de uma peça de trabalho.

Soni, S. & Mane, R. (2013) informaram que a necessidade de melhorar a produtividade e reduzir o tempo de chegada ao mercado aumentou significativamente nos processos de fabrico nas últimas décadas. Os acessórios têm um impacto direto na qualidade, na produtividade e no custo de fabrico dos produtos, pelo que existem muitos factores que desempenham um papel nos processos de fabrico, a fim de melhorar a produtividade e reduzir o tempo de produção. Os dispositivos de fixação são uma das ferramentas importantes que são amplamente utilizadas para atingir este objetivo. Os dispositivos de fixação são mecanismos utilizados para posicionar a peça de trabalho de forma rápida, precisa e segura durante a maquinagem, de modo a que todas as peças maquinadas estejam dentro das especificações do projeto. Esta precisão facilita a permutabilidade das peças. O trabalho mais importante sobre a conceção de dispositivos de fixação é discutido, uma vez que a conceção e o fabrico de dispositivos de fixação são considerados um processo complexo que exige o conhecimento de diferentes áreas, como a geometria, as tolerâncias, as dimensões, os procedimentos e os processos de fabrico. Geralmente, os custos associados à conceção e fabrico de dispositivos podem representar 10%-20% do custo total de um sistema de fabrico. Cerca de 35% a 40% das peças rejeitadas devem-se a erros de dimensionamento.

Dongre, S.D. et. al (2014) salientou que os gabaritos e os dispositivos são ferramentas especiais utilizadas para facilitar a produção (operações de maquinagem, montagem e inspeção) quando as peças de trabalho devem ser produzidas em massa. A produção em massa de peças de trabalho baseia-se no conceito de permutabilidade, segundo o qual cada peça será produzida dentro de uma tolerância estabelecida. Os gabaritos e dispositivos proporcionam um meio de fabrico de peças intermutáveis, uma vez que estabelecem uma relação, com tolerâncias pré-determinadas, entre o trabalho e a ferramenta de corte. Eles eliminam a necessidade de uma configuração especial para cada peça individual. A qualidade do desempenho de um processo é largamente influenciada pela qualidade dos gabaritos e dispositivos utilizados para o efeito. Um dispositivo de fixação é um dispositivo de suporte de trabalho que apenas segura e posiciona o trabalho, mas não guia, localiza ou posiciona a ferramenta de corte. O ajuste da ferramenta é efectuado através da regulação da máquina e de um bloco de ajuste ou através da utilização de calibradores de deslizamento. Um dispositivo de fixação é aparafusado ou fixado à mesa da máquina.

Hosseinzadeh M. et al. (2011) estudaram a metodologia de otimização de Taguchi e aplicaram-na para otimizar os parâmetros eficazes na formação de copos cilíndricos pelo novo conjunto de matrizes do processo de hidroformação de chapa. O objetivo desta investigação é a minimização da pressão de conformação. A abordagem de Taguchi baseia-se totalmente no desenho estatístico de experiências, o que pode satisfazer economicamente as necessidades de resolução de problemas e de otimização do desenho do produto/processo. Ao aplicar esta técnica, é possível reduzir significativamente o tempo necessário para a investigação experimental, uma vez que é eficaz na investigação dos efeitos de múltiplos factores no desempenho, bem como no estudo da influência de factores individuais para determinar qual o fator que tem mais influência e qual o que tem menos.

Ali M. & Mahalle G. (2013) informaram que, uma vez que o gabarito ou dispositivo esteja corretamente montado, qualquer número de peças duplicadas pode ser prontamente produzido sem necessidade de montagem adicional. Assim, os gabaritos e dispositivos são utilizados para reduzir os custos de produção, aumentar a taxa de produção, assegurar uma maior precisão das peças, permitir a permutabilidade, possibilitar a maquinagem de peças pesadas e de formas complexas através da sua fixação rígida a uma máquina, reduzir as despesas de controlo da qualidade, reduzir o número de trabalhadores qualificados, poupar mão de obra e melhorar a segurança no trabalho, diminuindo assim a taxa de acidentes. No estado atual, a maquinagem de componentes é feita manualmente. Como a maquinagem é feita manualmente, as várias operações, como a perfuração e a marcação, consomem muito tempo. Além disso, a fixação e a manutenção do trabalho durante a maquinagem são tarefas difíceis e demoradas. Assim, a maquinagem dos componentes torna-se difícil e a taxa de produção permanece lenta.

Yadav, R. & Pund S. (2007) constataram que a monda representa cerca de 25 % da mão de obra total necessária (900-1200 horas-homem/hectare) (Nag & Dutt, 1979), durante uma estação de cultivo. O controlo mecânico das ervas daninhas não só desenraíza as ervas daninhas entre as linhas de cultura, como também mantém a superfície do solo solta, assegurando um melhor arejamento do solo e uma melhor capacidade de absorção de água. Afirmaram também que não existe um modelo versátil de monda. No entanto, trata-se de uma tecnologia específica de uma região, cuja conceção difere de região para região para satisfazer as exigências do tipo de solo, das culturas cultivadas, do padrão de cultivo e da disponibilidade de recursos locais.

Foram utilizadas lâminas de aço macio para fabricar as lâminas de sacha, porque é suficientemente forte para suportar as forças predominantes, bem como para suportar a carga da alfaia. As lâminas foram afiadas na extremidade inferior para poderem penetrar no solo num ângulo adequado e à profundidade desejada durante a monda.

Alizadeh, M.R. (2011) estudou que as formas comuns de controlo das ervas daninhas incluem a mecânica, a química, a biológica e a agronómica. O controlo mecânico, que é realizado por sachadores manuais e mecânicos, tem uma importância específica do ponto de vista agronómico e da conformidade com as condições ambientais. O controlo mecânico não só erradica as ervas daninhas entre as linhas, como também amolece o solo superficial e melhora o arejamento do solo. A monda manual é muito pesada e prejudica os trabalhadores que são maioritariamente mulheres. Dependendo da densidade e das espécies de ervas daninhas no campo, a necessidade de mão de obra para a monda variava entre 10 e 15 pessoas por hectare nos arrozais. Dada a tendência crescente do salário dos trabalhadores nos últimos anos, uma parte considerável do custo de produção do arroz é afetada a esta fase.

Ghosh, R.K. (2009) informou que a gestão mecânica da monda cria mais arejamento e, por conseguinte, o crescimento das plantas será maior, reduzindo a biomassa das ervas daninhas. Em vez de utilizar os insecticidas ou fungicidas mais tóxicos, a utilização de um rótulo verde como o bioneem e o ITK é suficiente para gerir a maioria dos insectos e doenças. A aplicação contínua de bagaço de neem em cada cultura pode resolver o problema dos nemátodos e de muitos insectos do solo como as térmitas.

Verma, A & Sahu, R.K. (2007) estudaram o desenvolvimento de uma máquina de cortar ervas daninhas para arroz que respeita o género. O comprimento do curso do sachador era de 500 mm e a frequência do movimento era de 35 cursos. O cabo tinha um comprimento de 1150 mm e, por conseguinte, referiu que o sachador deve ser utilizado numa largura de trabalho de 12 a 14 cm de espaçamento entre linhas, para que a mortalidade das plantas seja menor. Deste modo, para um espaçamento entre linhas de 20 cm, a cultura do arroz obtém uma margem de 2-3 cm em ambos os lados das lâminas. A capacidade de campo da máquina de sacha rotativa desenvolvida foi de 0,0136 ha/h com 82% de eficiência de sacha. O custo de funcionamento do sachador rotativo de arroz foi de Rs.950 /ha em comparação com Rs. 2300/ha para a monda manual. A poupança no custo da monda foi de 60% e a poupança de tempo foi de 65% em comparação com a monda manual.

A partir da análise pormenorizada da literatura disponível, foram retiradas as seguintes conclusões:

* Os gabaritos e acessórios podem ser concebidos e implementados no processo de fabrico de desramadores de arroz.
* Espera-se que a nova condição de projeto determinada a partir de resultados experimentais reduza o tempo de produção em 45-50%.
* Quando a conceção óptima é incorporada no processo de produção, espera-se reduzir as operações de soldadura em 50%.

Resumo do capítulo

Neste capítulo, discutimos as áreas de implicação da metodologia de Taguchi, a evolução da máquina de sacudir arroz através de procedimentos experimentais, e a conceção e desenvolvimento de dispositivos e acessórios para servir o objetivo, através da revisão de vários manuscritos de investigação e da aplicação da metodologia neles utilizada para resolver problemas.

Capítulo 3

IDENTIFICAÇÃO DO PROBLEMA

Em 2005, foi concebido, desenvolvido e fabricado na Faculdade de Engenharia Agrícola da Universidade Agrícola Indira Gandhi, em Raipur, um extirpador de arroz rotativo não ativo e amigo do género para condições de campo húmido. Trata-se de um dos instrumentos de monda mais populares para a cultura do arroz no Estado de Chhattisgarh. A sachadora é fabricada em grandes quantidades sem a aplicação de tecnologias de fabrico modernas, ou seja, sem a utilização de gabaritos e dispositivos.

O tempo consumido em todo o processo de produção era um dos principais problemas enfrentados pela instituição. Por conseguinte, o problema foi considerado uma questão importante e foi resolvido, em primeiro lugar, através do desenvolvimento de gabaritos e acessórios para reduzir o tempo consumido na operação. Em segundo lugar, aplicando a abordagem Taguchi para validar o procedimento de produção recentemente proposto.

Assim, todos os dados necessários e relevantes foram registados na oficina da Faculdade de Engenharia Agrícola.

3.1 Geral

O desfolhador rotativo não ativo e amigo do ambiente para condições de campo húmido foi concebido, desenvolvido e fabricado na Faculdade de Engenharia Agrícola da Universidade Agrícola Indira Gandhi, Raipur, no ano de 2005. Uma vez que o equipamento é operado manualmente, as considerações de conceção desempenham um papel importante na operação no terreno. O quadro 3.1 apresenta uma breve especificação do sachador. Os vários parâmetros que desempenham um papel importante na sua construção são discutidos a seguir.

Quadro 3.1 Especificações do desfolhador de arroz

Particularidades	Desfolhadora rotativa
Comprimento total	1520 mm
Largura total	500 mm
Altura total	950 mm
Largura do corte	120 mm
Eficiência no terreno	82 %

3.2 Comprimento do curso

No funcionamento do sachador, os membros superiores em combinação com o equipamento funcionam como um mecanismo de quatro barras. Por conseguinte, o comprimento do curso depende do comprimento de alcance do braço avançado. Para facilitar a operação, o comprimento do curso é de 50 cm.

3.3 Frequência de movimento para o Weeder

A máquina de arrancar ervas daninhas deve ser operada em modo de empurrar e puxar, a frequência do movimento é muito importante, uma frequência muito elevada pode levar à exaustão do trabalhador, mas uma frequência muito baixa pode resultar num fraco rendimento do trabalho. A frequência também depende do comprimento do curso. No entanto, não estão disponíveis informações sobre a relevância direta do número de golpes para a máquina de sacudir arroz. Com base em estudos anteriores, foram observadas 35-40 pancadas por minuto para trabalho de tipo repetitivo em condições de campo húmido. Assim, foram considerados 35 cursos por minuto para o projeto do escarificador de arroz. A Fig. 3.1 mostra o diagrama linear do equipamento completo. A Tabela 3.2 mostra os dados operacionais obtidos após o teste do equipamento no campo.

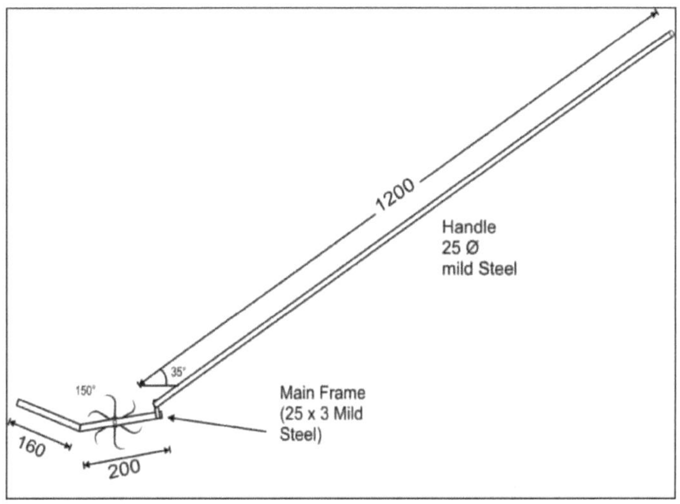

Fig. 3.1 Diagrama de linhas do escarificador de arroz

3.4 Conceção do punho

A capacidade de empurrar e puxar depende em grande medida de uma interação complexa entre a postura, o atrito entre o sapato e o chão e a antropometria do indivíduo.

3.5 Comprimento da barra transversal do punho

As potências de tração e de empurrão são da mesma ordem de grandeza, quer os braços sejam mantidos de lado ou para a frente no plano sagital. Por conseguinte, o posicionamento das mãos deve ser tal que estas fiquem próximas da sua posição neutra. Assim, o comprimento da barra transversal depende da distância cotovelo - cotovelo do operador e pode ser considerado como 50 cm.

3.6 Comprimento do cabo

O comprimento e o ângulo de funcionamento do sachador são interdependentes. O ângulo de funcionamento baseia-se na conceção funcional e na geometria da ferramenta, situando-se geralmente entre 35° e 45°. Uma boa postura de trabalho é aquela que pode ser mantida com um mínimo de esforço muscular estático e na qual é possível realizar a tarefa em causa de forma mais eficaz e com menos desconforto muscular. Observou-se que a operação efectuada quer em posição de cócoras quer em posição de flexão não causou uma diferença significativa no gasto de energia. No entanto, o cansaço causado pela flexão reflecte-se em termos de desconforto postural sentido pelo trabalhador. Por conseguinte, quando o trabalho pode ser efectuado em posição sentada/em pé, não deve ser feito em posição de flexão. A utilização de ferramentas de cabo longo pode ajudar a evitar a postura de flexão do operador durante o trabalho. O comprimento do punho foi decidido de modo a que o operador com uma dimensão corporal média o possa utilizar facilmente.

3.7 Pega do punho

O punho de forma circular foi escolhido para evitar uma carga pontual elevada na palma da mão. O diâmetro do punho deve ser tal que, quando um operador agarra o punho, o seu dedo mais comprido não toque na palma da mão. Com base nos dados antropométricos, o diâmetro interno do punho foi fixado em 38 mm e o comprimento do punho em 120 mm (com base na largura da mão). A cobertura de borracha do punho com 35 mm de diâmetro exterior foi montada no punho para facilitar e tornar mais confortável a preensão.

Quadro 3.2 Dados operacionais de campo do escarificador de arroz

S.n.	Observação	Temas				Média
		S1	S2	S3	S4	

1.	Profundidade de funcionamento (mm)	25	28	28	25	26.5
2.	Largura de funcionamento (mm)	120	120	120	120	120
3.	Altura da cultura (mm)	262	262	262	262	262
4.	População de infestantes (infestantes/m $)^2$					
	(a) Antes do ensaio	356	320	328	392	349
	(b) Após o ensaio	68	71	46	69	64
5.	Eficiência da monda (%)	81	78	86	82	82
6.	Planta danificada	Nulo	Nulo	Nulo	Nulo	Nulo
7.	Capacidade de campo (ha/h)	0.0146	0.0134	0.0127	0.0137	0.0136
8.	Capacidade de campo (h/ha)	68.5	75.6	78.8	73	75.7
9.	Eficiência de trabalho do operador humano (%)	62	63	60	62	62

3.8 Forma da pega

A forma do punho deve ser tal que o centro de gravidade do punho fique afastado do operador, de modo a que o peso do operador seja menor. Por conseguinte, o punho em forma de T foi selecionado para a conceção do sacudidor de ervas daninhas. Considerando a transferência de peso na pega em forma de T da Fig. 3.2.

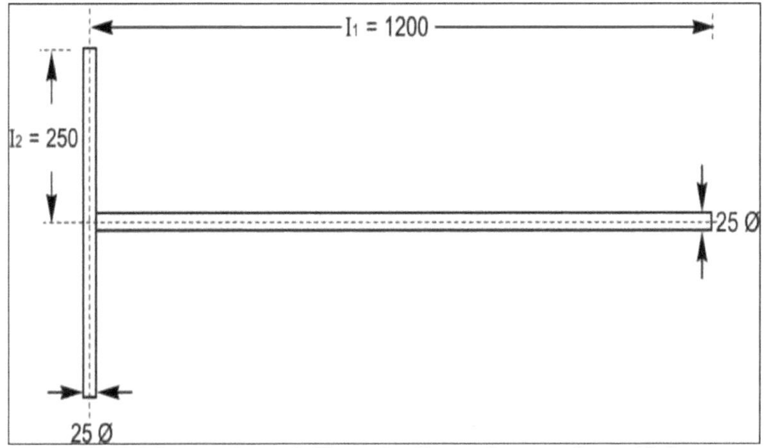

Fig. 3.2 Pega em forma de T e sua localização do centro de gravidade

3.9 Unidade de corte rotativo

A unidade de corte da sachadora rotativa é constituída por um eixo, um tambor de arbustos e lâminas de corte. O movimento rotativo foi dado às lâminas pela resistência do solo devido à força de tração e de empurrão.

3.10 Diâmetro do rotor

Tendo em conta os dados antropométricos, o comprimento do curso para a operação de puxar e empurrar da sacha rotativa não deve ser superior ao comprimento do braço do operador. Por conseguinte, o comprimento do curso é igual ao comprimento do alcance do braço, ou seja, 50 cm. Também é tido em consideração que a profundidade de corte efectiva da lâmina não deve ser inferior a 2,5 cm, de modo a que todas as ervas daninhas sejam destruídas com o movimento para a frente e para trás do rotor. Quando se utiliza a rotação para a frente, cada lâmina corta um incremento de solo não perturbado ao entrar a partir da superfície e, com a rotação inversa, o incremento de solo é cortado de baixo para cima. A inversão do sentido de rotação altera a geometria do sistema de ferramentas de solo, mesmo quando a relação entre a velocidade periférica do rotor e a velocidade de avanço da máquina é constante.

3.11 Espaçamento das pás e número de pás no rotor

O sachador montado com 4, 6 e 8 lâminas igualmente espaçadas no eixo do rotor foi operado em condições de campo inundado e encharcado. Observou-se que o espaçamento entre as lâminas era demasiado pequeno no caso do rotor de 8 lâminas, o espaço entre elas estava cheio de terra e o cisalhamento ocorria nas pontas das lâminas. Por outro lado, com 4 lâminas, o espaçamento entre as lâminas era grande, pelo que o solo à frente das lâminas era comprimido antes de falhar. Enquanto que com 6 lâminas soldadas no eixo do rotor a 60^0 de distância, a auto-limpeza e a obstrução com lama e ervas daninhas eram menores. As lâminas escavam, travam o solo, arrancam e enterram as ervas daninhas na lama de forma adequada. Por conseguinte, foram escolhidas 6 lâminas na unidade do rotor para a conceção do deservador.

3.12 Estrutura principal

A estrutura principal do sachador foi fabricada em MS Flat 25x3 mm. O comprimento e a largura da estrutura principal foram decididos pelo espaçamento entre linhas da cultura, pela largura da unidade de corte e pelo diâmetro do rotor. Nesta base, a largura e o comprimento da estrutura principal foram mantidos em 130 mm e 200 mm, respetivamente. A Fig. 3.3 mostra uma vista de perto da estrutura principal do equipamento. A Fig. 3.4 mostra os processos envolvidos na produção do sachador de arroz.

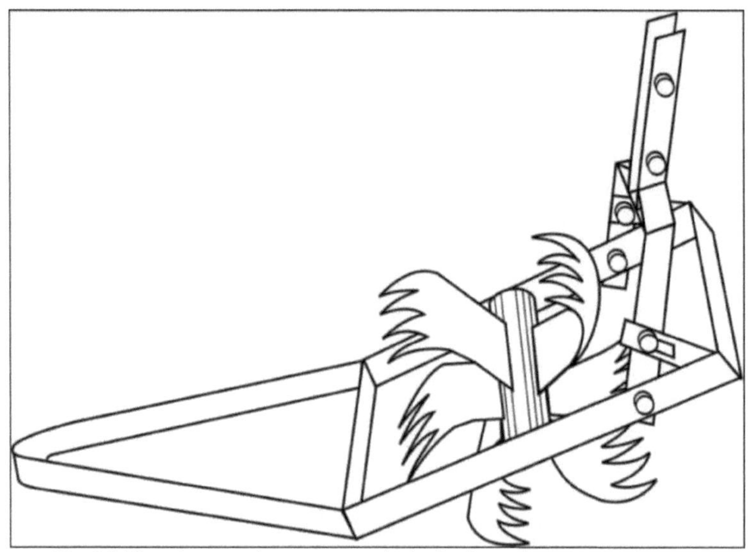

Fig. 3.3 Vista de perto da estrutura principal e do punho

3.13 Flutuador

A máquina tem um flutuador metálico, que assegura um movimento de deslizamento fácil durante o funcionamento por ação de flutuação. O flutuador foi fabricado com MS Flat 25 x 3 mm e chapa CR 16 G. A forma do flutuador era triangular. A largura do flutuador era de 200 mm e o comprimento de 160 mm. A forma do flutuador era tal que deveria atravessar facilmente o solo e as ervas daninhas. Por conseguinte, o flutuador foi soldado à estrutura principal, formando um ângulo de 150^0 com a horizontal, de modo a poder deslizar facilmente no solo. O flutuador dá uma ação de flutuação à máquina, reduzindo assim a necessidade de tração da máquina.

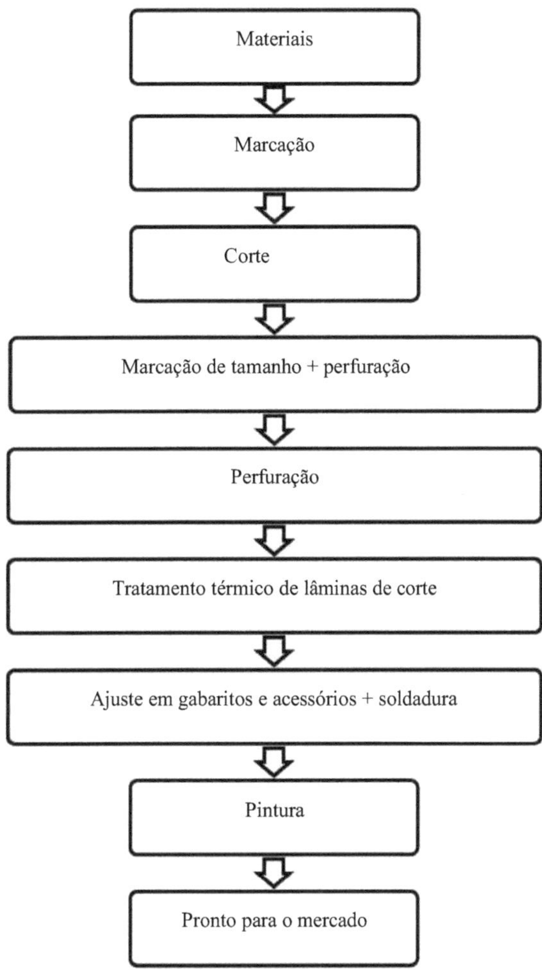

Fig. 3.4 Fluxograma do processo de fabrico do desramador de arroz

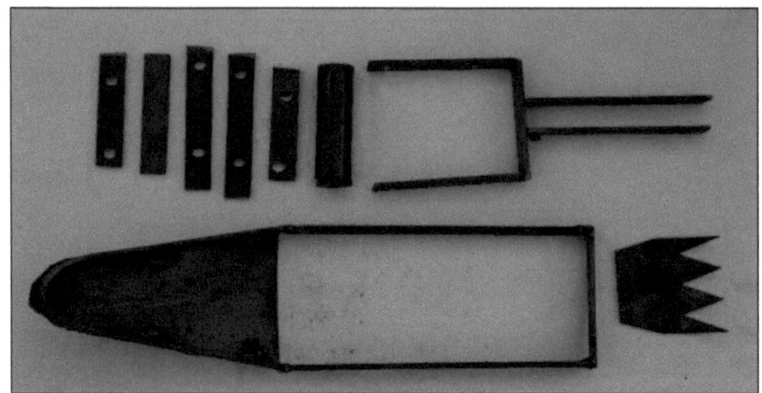

Fig. 3.5 Componentes misturados do escarificador de arroz

Fig. 3.6 Estrutura principal montada e punho do sachador

Fig. 3.7 Desfolhador de arroz pronto a utilizar

3.14 Bush

O diâmetro do casquilho foi decidido de modo a poder ser montado num veio de 16 mm de diâmetro, tendo em consideração o momento de flexão e o binário que incide no casquilho. O diâmetro interior de 19 mm e 3 mm de espessura, 25 mm de diâmetro exterior do casquilho foi selecionado para a montagem de 6 números de lâminas de corte rotativas.

Da análise efectuada ao produto, foram retiradas as seguintes conclusões

- Os gabaritos e dispositivos devem ser concebidos para a estrutura principal da máquina, de modo a reduzir a quantidade de corte de metal para um mínimo comparativo de 50%.

- Os gabaritos e dispositivos concebidos reduziriam em 66,67% a quantidade de cortes metálicos efectuados para o cabo da máquina de cortar relva.

- Pode ser concebido um molde composto para a produção de lâminas de corte, o que permitiria poupar 90% do tempo.

Capítulo 4
MATERIAL E
MÉTODOS

A informação recolhida a partir da pesquisa bibliográfica no capítulo 2 será utilizada para resolver os problemas discutidos no capítulo 3. Os problemas podem ser resolvidos através da conceção de gabaritos e dispositivos para servir o objetivo. O projeto de experiências utilizando a abordagem de Taguchi foi implementado neste capítulo, para descobrir se os gabaritos recém-projectados encontrariam a sua aplicação no processo de fabrico.

4.1 Breve descrição dos processos de fabrico envolvidos

Os processos envolvidos na produção do sacudidor de ervas daninhas consistem em várias operações, tais como marcação, corte, dobragem e soldadura. Para a operação de dobragem, foi utilizado um dispositivo de fixação feito à mão (Fig. 4.1). A operação de soldadura era efectuada nas peças através de observações visuais, o que resultava em falta de precisão nas dimensões, mau acabamento e falta de permutabilidade.

Após a operação de marcação, foi efectuada a operação de corte do material de acordo com as marcações. A placa com o comprimento de 406,4 mm foi então submetida à operação de dobragem com a ajuda de um gabarito feito à mão.

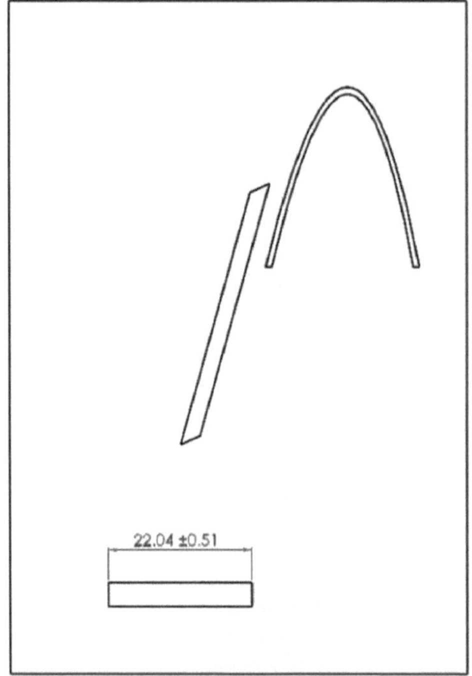

Fig. 4.1 Dispositivo artesanal para dobragem

A placa foi dobrada com a aplicação de trabalho humano, pelo que a dobragem obtida não foi uniforme. Após 15 minutos de operação, ou seja, dobrar 15 placas de 406,4 mm de comprimento cada, a aplicação de trabalho humano na operação de dobragem causou tensão no braço do trabalhador e, por conseguinte, houve uma pausa de 5 minutos. Agora, o novo tempo para dobrar 15 chapas subiu para 20 minutos, o que certamente não foi proveitoso para permitir a produção em massa.

Após a operação de dobragem, foi efectuada a operação de acabamento do flutuador. A operação de soldadura foi executada para unir todas as chapas, para construir a estrutura para a máquina de sacha. O processo envolveu um total de doze operações de soldadura, que poderiam ser eliminadas, em certa medida, substituindo-as por operações de dobragem.

Tabela 4.1 Tempo consumido / unidade pelo método tradicional (Tempo médio / operação = 2 h.)

S. Não.	Operações efectuadas	Tempo médio Tempo consumido (em seg.)
1	Placa MS de marcação (5 mm)	20
2	Corte	60
3	Flutuador de corte	20
4	Almofada flutuante de marcação + corte	50
5	Dobragem	60
6	Marcação da broca	70
7	Perfuração (14 brocas/peça)	77
8	Corte de dentes	180
9	Soldadura (temporária + permanente)	210
10	Tratamento térmico	60
11	Corte e perfuração de tubos	30
12	Aperto de porcas e parafusos	40
	Tempo total decorrido	**877**

4.2 Conceção de gabaritos e dispositivos

Para permitir a produção em massa de escarificadores de arroz, com o mínimo de tempo de produção e os custos envolvidos, foram desenvolvidos gabaritos. Foram desenvolvidos gabaritos e acessórios de fixação de prensas eléctricas. Com a utilização de gabaritos e acessórios, os esforços de marcação, medição e fixação da peça de trabalho numa máquina foram reduzidos e a precisão do desempenho também foi mantida. A peça de trabalho e a ferramenta foram relativamente colocadas nas suas posições exactas antes da operação, automaticamente e num espaço de tempo insignificante. Assim, reduz-se o tempo de ciclo do produto. Devido à baixa variabilidade na dimensão, a operação de montagem torna-se fácil e observa-se uma baixa rejeição devido a uma produção menos defeituosa. Reduz o tempo do ciclo de produção, aumentando assim a capacidade de produção. É possível trabalhar simultaneamente com mais do que uma ferramenta na mesma peça de trabalho. Não foi necessário examinar a qualidade do produto, desde que a qualidade dos gabaritos e dispositivos utilizados fosse assegurada.

A conceção de gabaritos e dispositivos depende de muitos factores. Estes factores foram analisados para obter dados para a conceção de gabaritos e acessórios, nomeadamente o estudo do tamanho e da geometria da peça de trabalho e do componente acabado, o tipo e a capacidade da máquina, o seu grau de automatização, a existência de dispositivos de localização na máquina, a avaliação da variabilidade nos resultados do desempenho da máquina, o nível de precisão exigido no trabalho e a qualidade a produzir.

4.2.1 Considerações sobre a conceção de gabaritos e dispositivos

A conceção de gabaritos e acessórios depende de muitos factores. Estes factores são analisados para obter dados de conceção para gabaritos e acessórios. A lista de tais factores é mencionada abaixo

- Estudo da dimensão e da geometria da peça a trabalhar e do componente acabado.
- Tipo e capacidade da máquina, o seu grau de automatização.
- Previsão de dispositivos de localização na máquina.
- Disposições de fixação disponíveis na máquina.
- Dispositivos de indexação disponíveis e sua precisão.
- Avaliação da variabilidade dos resultados de desempenho da máquina.
- Rigidez e da máquina-ferramenta considerada.
- Nível exigido de exatidão no trabalho e qualidade a produzir.
- Estudo dos dispositivos de ejeção, dos dispositivos de segurança, etc.

O gabarito desenvolvido tinha dimensões definidas para todos os componentes: uma placa foi colocada horizontalmente na base a uma distância de 110 mm de uma extremidade da placa (digamos A), com uma largura de 10 mm. Duas placas verticais foram colocadas a uma distância de 140 mm da placa de referência, em ambas as extremidades, com um comprimento de 120 mm e a outra placa com um comprimento de 110 mm. A uma distância de 390 mm, foram colocadas mais duas placas verticais em ambas as extremidades para servir de suporte de soldadura para o punho, tendo uma placa um comprimento de 120 mm e a outra placa um comprimento de 110 mm. A uma distância de 440 mm do ponto A, foi colocada uma placa na direção z de modo a facilitar a soldadura do flutuador com o resto da estrutura num ângulo de 150°, a uma distância de 530 mm foi colocada uma segunda placa horizontal com um comprimento de 60 mm. Finalmente, a 590 mm foram colocadas as últimas placas verticais, cada uma com um comprimento de 90 mm.

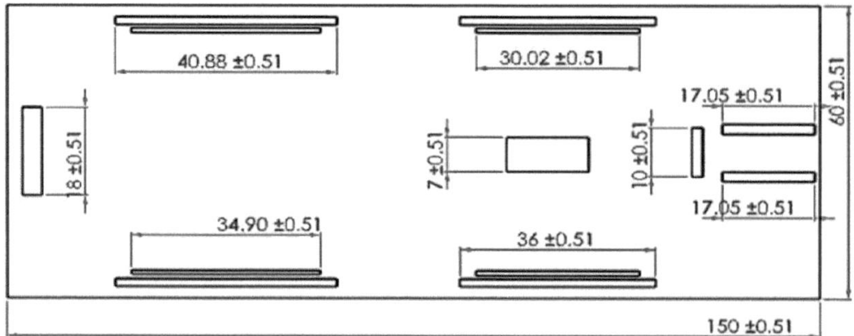

Fig. 4.2 (a) Dispositivo de soldadura concebido

A precisão da operação de soldadura pode ser aumentada exponencialmente com a utilização de uma estrutura, que pode suportar as placas a soldar com flutuação, partilhando um ângulo de 150° entre elas (Fig. 4.2(a), (b)). Os gabaritos melhorados foram primeiramente projectados e modelados utilizando o software Solid Works.

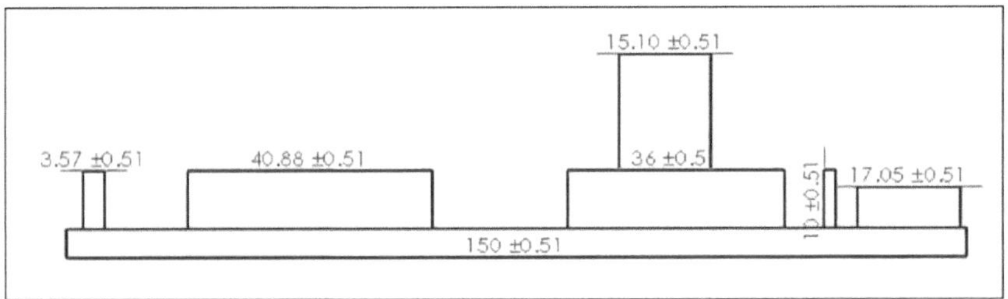

Fig. 4.2 (b) Vista em corte transversal do dispositivo de soldadura

Foi desenvolvido um outro conjunto de gabaritos e dispositivos para facilitar a dobragem do flutuador, o
As placas MS cortadas após a operação de marcação foram colocadas nos cantos elevados (Fig.4.3 (a), (b)) e
a outra fixação foi feita para ser fixada na máquina de dobragem (Fig.4.4 (a), (b)), com a ajuda de porcas e
parafusos.

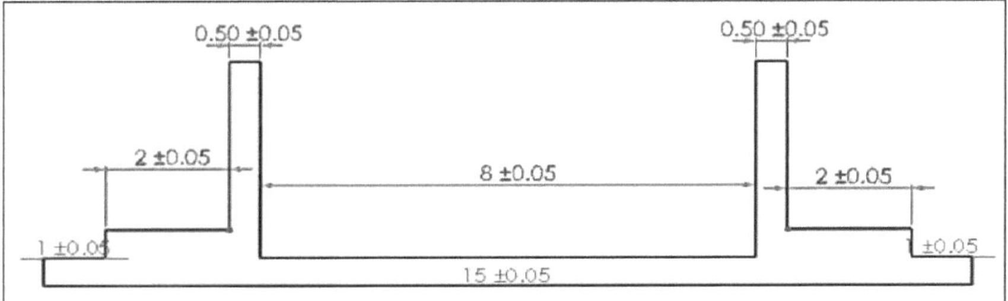

Fig. 4.3 (a) Dispositivo concebido para a flexão de um flutuador

Com a aplicação de pressão, as placas eram dobradas, assegurando uma operação rápida e fácil, e a qualidade
do produto era mantida de acordo com o padrão desejado.

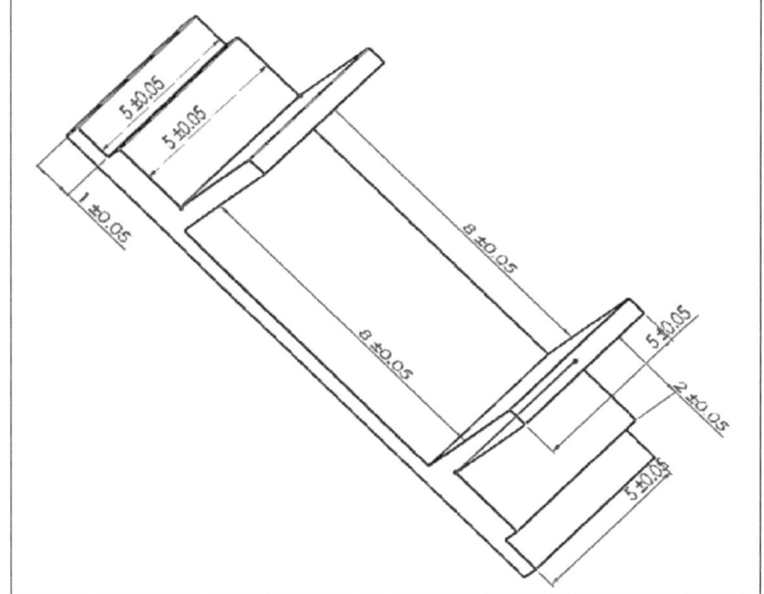

Fig. 4.3 (b) Vista lateral do dispositivo de flexão

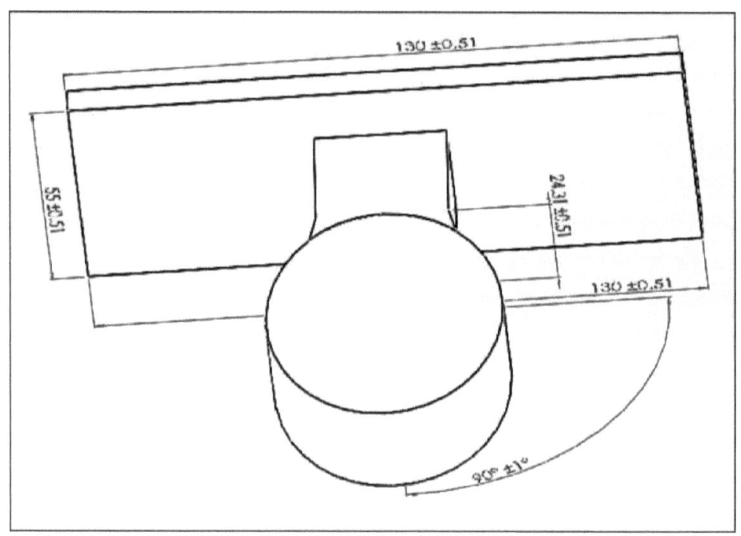

Fig.4.4 (a) Gabarito a ser fixado na máquina de dobragem

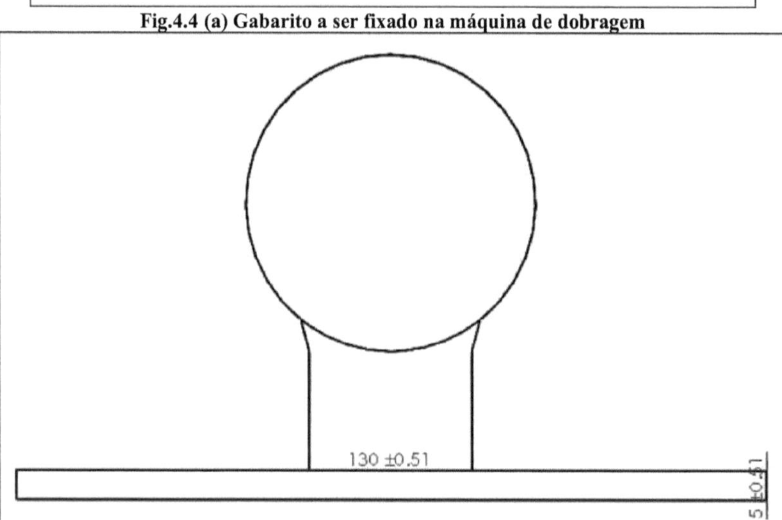

Fig. 4.4 (b) Vista lateral do gabarito

Era necessária uma solução para substituir a soldadura pela operação de quinagem e, por conseguinte, foi concebido um gabarito para este efeito. As placas foram dobradas com a ajuda de um conjunto de gabaritos e acessórios, as placas foram colocadas na superfície elevada (Fig. 4.5 (a) & (b)), e foram pressionadas com a ajuda de uma máquina de dobragem, criando assim uma dobra de 90^0, e eliminando a necessidade de operação de soldadura numa extensão notável.

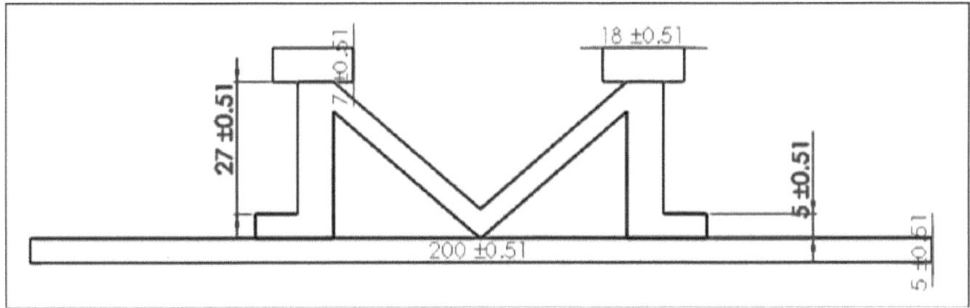

Fig. 4.5 (a) Gabaritos concebidos para a flexão de placas

Fig. 4.5 (b) Vista superior do dispositivo concebido

Com os novos e desenvolvidos projectos de gabaritos, foi feito um protótipo que foi colocado no ciclo de produção para avaliar o conjunto de operações.

4.3 Ferramentas de trabalho para prensas

Foi desenvolvido um gabarito para o fabrico de lâminas de corte com a ajuda de uma prensa eléctrica, e a operação de corte do metal é efectuada entre os componentes da matriz como um processo de corte em que o metal é sujeito a tensões de corte entre duas arestas de corte até ao ponto de fratura, ou para além da sua resistência máxima. O metal é sujeito a tensões de tração e de compressão. O metal é sujeito a tensões de tração e de compressão. Ocorre um estiramento para além do limite elástico, seguido de deformação plástica, redução da área e, por fim, a fratura começa através de planos de clivagem na área reduzida.

Em operações de corte ideais, o punção penetra no material a uma profundidade igual a um terço da sua espessura antes de ocorrer a fratura, e força uma porção igual de material para a abertura da matriz. A porção de espessura assim penetrada será altamente polida, aparecendo na aresta de corte como uma faixa brilhante à volta de todo o contorno do corte. Quando a folga de corte não é suficiente, devem ser cortadas bandas adicionais de metal antes de se conseguir uma separação completa. A largura da banda de corte é uma indicação da dureza do material, desde que a folga da matriz e a espessura do material sejam constantes. Quanto mais larga for a banda de corte, mais macio é o material. O gabarito foi assim desenvolvido para cortar dentes de uma máquina de cortar arroz que trabalha numa prensa eléctrica. A espessura do bloco da matriz quando se trabalha com fita de aço macio pode ser determinada pela Tabela 4.2.

Tabela. 4.2. Espessura do bloco de matriz para fita de aço macio

Espessura da tira (polegada)	Espessura do bloco da matriz (polegada)

Até 1/16	3/4 a 1
1/16 a 1/8	1 a 9/8
1/8 a 3/16	9/8 a 11/8
3/16 a ⅜	11/8 a 13/8
Mais de ⅜	13/8 a 2

4.3.1 Conceção de ferramentas de prensagem

(i)   Percentagem de utilização do material $= \dfrac{\text{Total area of blank cut}}{\text{Area of uncut strip}} * 100$

$$= \frac{4915}{6384} * 100$$

$$= 76.98\ \%$$

(ii)   Folga (C) Quantidade de folga por lado das aberturas da matriz.

$$C = 0.0032 * t * \sqrt{\tau_s}$$

$$= 0.0032 * 2 * \sqrt{289}$$

$$= 0.1088 \text{ mm.}$$

Onde, t = 2 = Espessura do material em mm.

$\tau_s = 289$ = Resistência ao corte do material em N/mm^2

(iii)   Folga angular (a) = 10

(iv) Forças de corte $(F_{max}) = \dfrac{2 * (L + B) * t * \tau_s}{}$

$$= 2 * (84 + 76) * 2 * 289$$
$$= 184960N = 18,860 \text{ ton}$$

4.3.2 Cálculo do centro de pressão

A ferramenta de prensagem será projectada de modo a que o centro de pressão se situe no eixo central do cilindro da prensa quando esta estiver montada na prensa. O centro de pressão pode ser determinado pelos seguintes procedimentos

1. Desenhe um contorno das arestas de corte actuais.
2. Traçar os eixos X-X e Y-Y em ângulos rectos numa posição conveniente. Se a figura for simétrica em relação a uma reta, esta deve ser um dos eixos. O centro de pressão estará, neste caso, algures sobre este último eixo.
3. Dividir as arestas de corte em elementos de linha, linhas rectas, arcos, etc. e numerar cada um deles como 1, 2, 3, 4.
4. Determine o comprimento, L_1, L_2, $\wedge_3$, $\wedge 4$ destes elementos.
5. Encontra o centro de gravidade destes elementos. Não confundir o centro de gravidade das rectas com o centro de gravidade da área delimitada pelas rectas.
6. Encontrar a distância x_1 do centro de gravidade do primeiro elemento ao eixo Y-Y, x_2 do segundo, etc.
7. Encontrar a distância x_1 do centro de gravidade do primeiro elemento ao eixo X-X, y_2 do segundo, etc.
8. Calcule a distância X do centro de pressão C ao eixo Y-Y através das fórmulas.

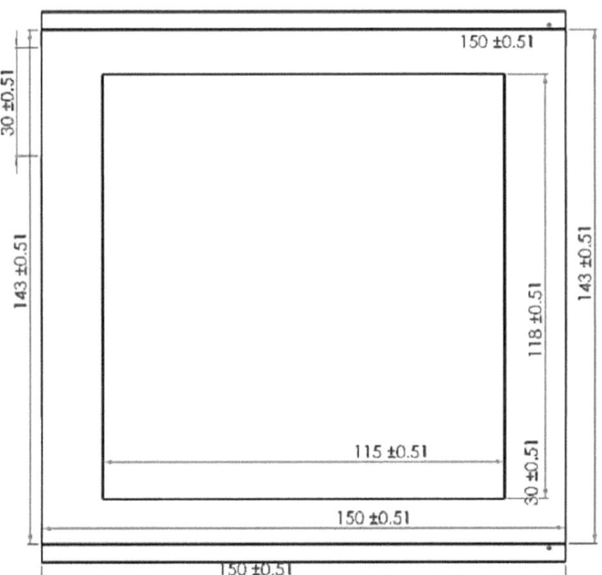

Fig. 4.6(a) Vista superior da matriz concebida para trabalhar com a prensa

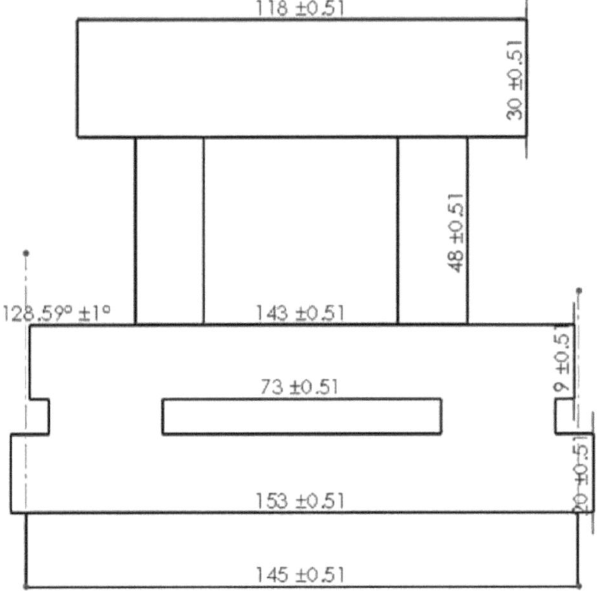

Fig. 4.6(b) Vista frontal da matriz concebida para trabalhar com a prensa

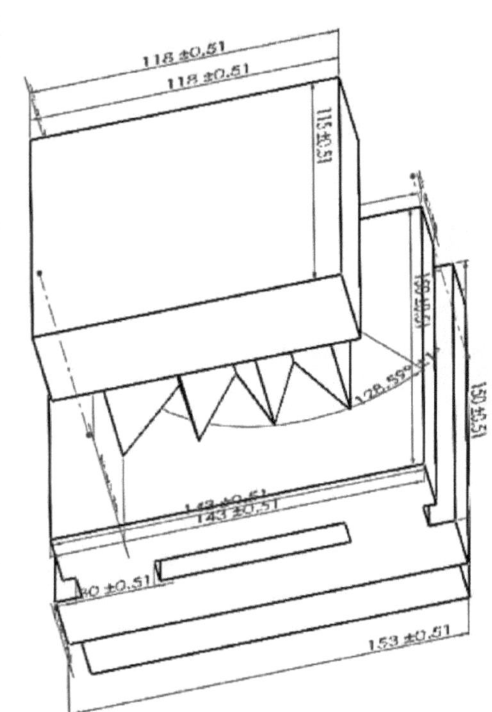

Fig. 4.6(c) Matriz concebida para trabalhar em prensa

Fig. 4.6(d) Vista inferior da matriz concebida para trabalhar com a prensa

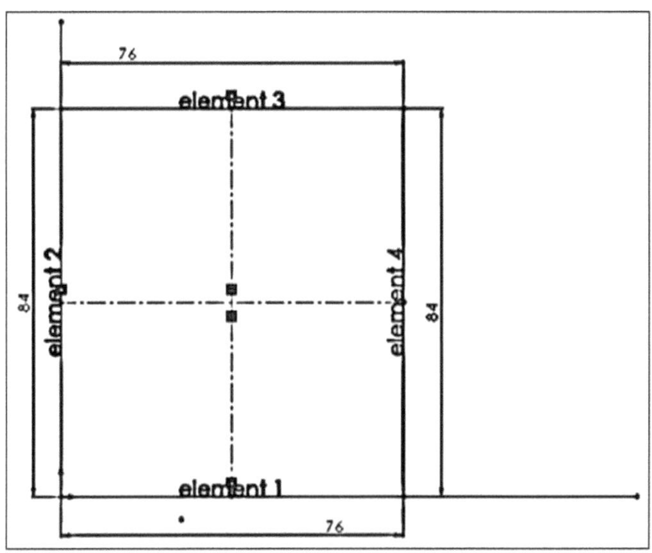

Fig. 4.7 Cálculo do centro de pressão

$$\overline{X} = \frac{L_1 x_1 + L_2 x_2 + L_3 x_3 + L_4 x_4 \ldots}{L_1 + L_2 + L_3 + L_4 \ldots} \qquad \ldots (\text{ i })$$

$$\overline{Y} = \frac{L_1 y_1 + L_2 y_2 + L_3 y_3 + L_4 y_4 \ldots}{L_1 + L_2 + L_3 + L_4 \ldots} \qquad \ldots (\text{ ii })$$

Os valores para todas as entidades foram encontrados e organizados na forma de tabela como na Tabela 4.3.

Tabela. 4.3. Centro de gravidade para cada centróide

Elemento	Comprimento (L)	X	Y	LX	LY
1	84 mm	42 mm	0 mm	3528mm	0 mm
2	76 mm	0 mm	38 mm	0 mm	2888 mm
3	84 mm	42 mm	38 mm	3528 mm	3192 mm
4	76 mm	42 mm	38 mm	3192 mm	2888 mm

$$\sum L = 320 \text{ mm}$$

$$\sum LX = 10248 \text{ mm}$$

$$\sum LY = 8968 \text{ mm}$$

De seguida, os valores foram substituídos nas fórmulas.

$$\overline{X} = \frac{\sum LX}{\sum L} = \frac{10248}{320} = 32.025 \text{ mm} \qquad \ldots \text{from (i)}$$

$$\overline{Y} = \frac{\sum LY}{\sum L} = \frac{8968}{320} = 28.025 \text{ mm} \qquad \ldots \text{from (ii)}$$

O centro de pressão está indicado na Fig. 4.8

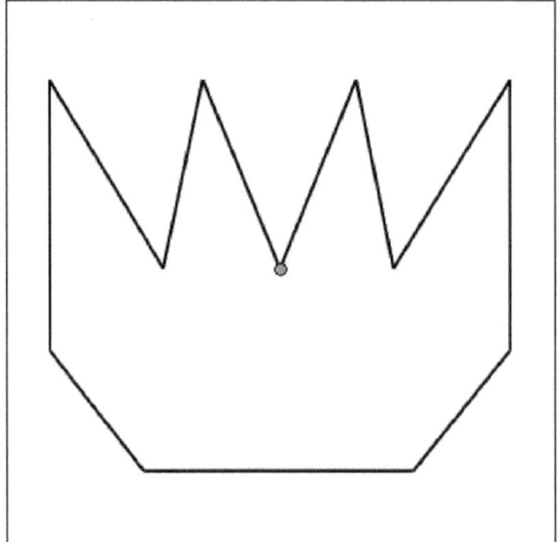

Fig. 4.8. Centro de pressão

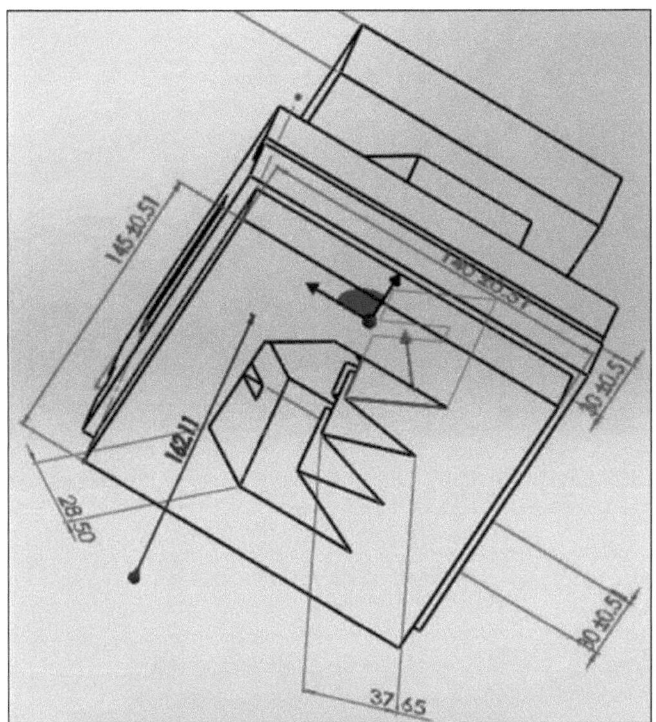

Fig. 4.9(a) Desenho da matriz composta

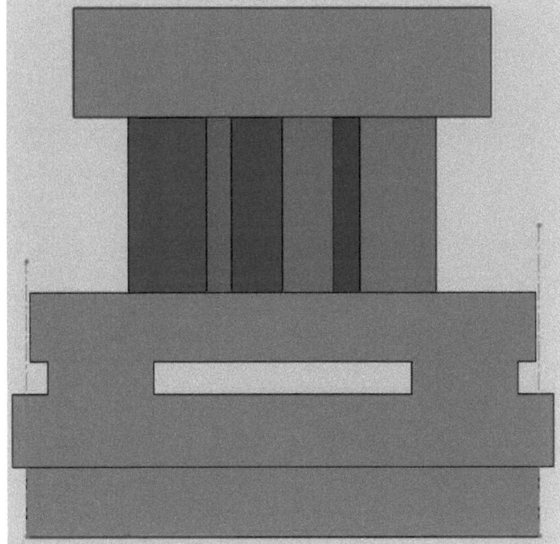

Fig. 4.9(b) Desenho da matriz composta

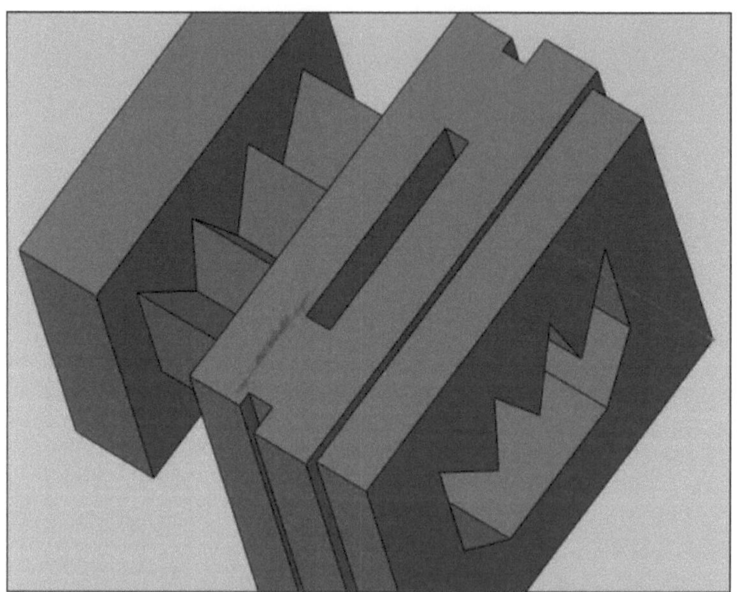

Fig. 4.9(c) Desenho da matriz composta

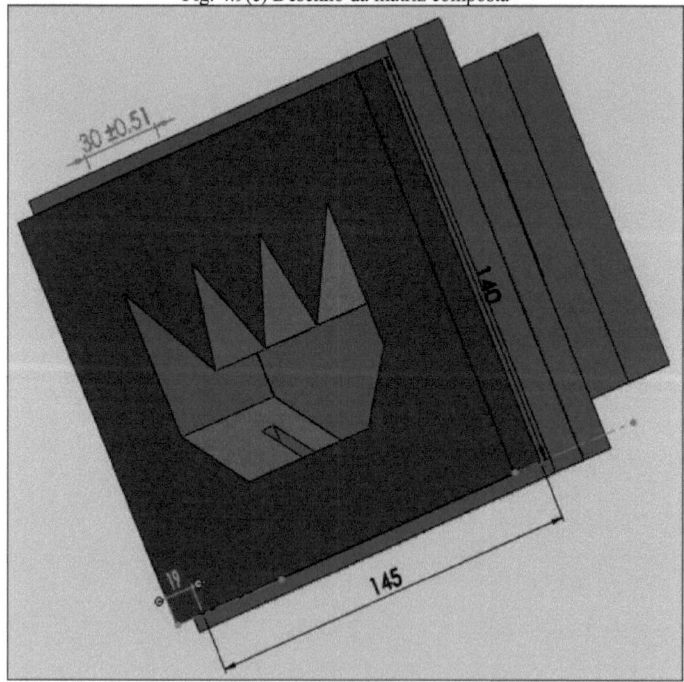

Fig. 4.9(d) Desenho da matriz composta

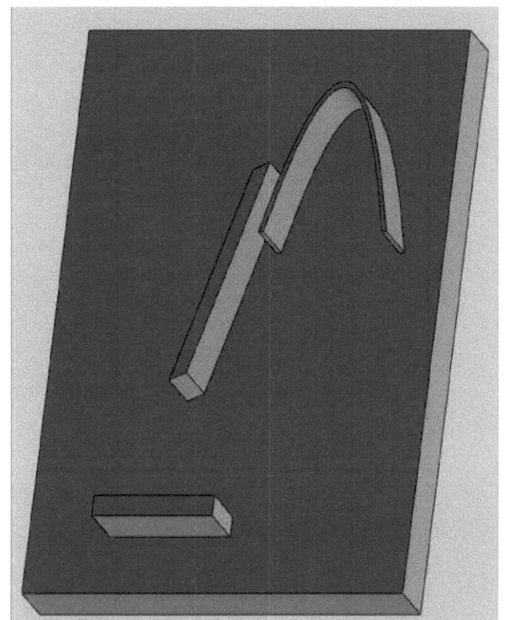

Fig. 4.10(b) Gabarito feito à mão para dobrar o flutuador

Fig. 4.10(b) Gabarito feito à mão para dobrar o flutuador

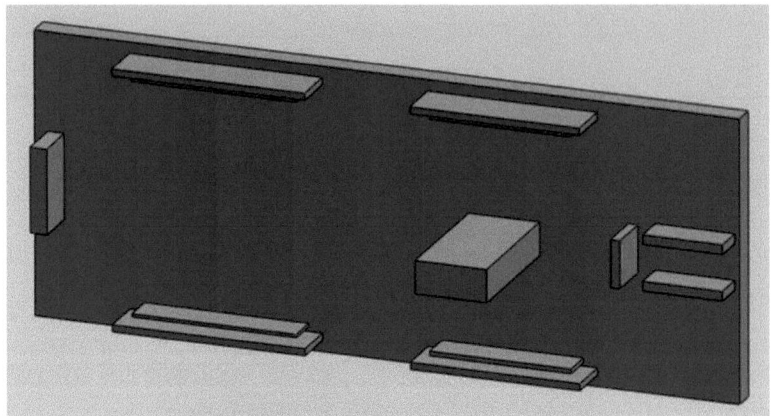

Fig. 4.11(a) Dispositivo de soldadura concebido

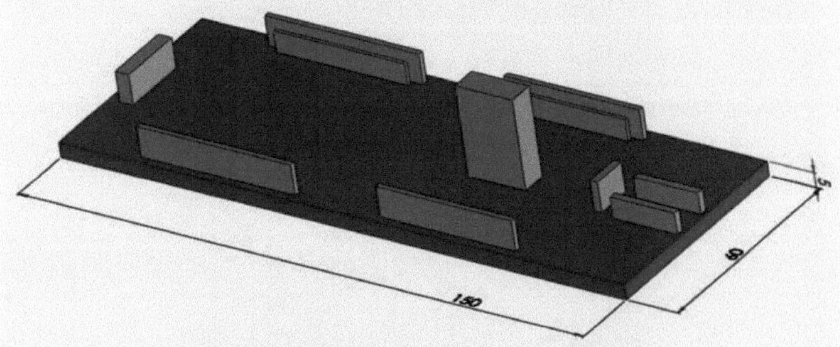

Fig. 4.11(b) Dispositivo de soldadura concebido

Fig. 4.12(a) Gabaritos e dispositivos concebidos

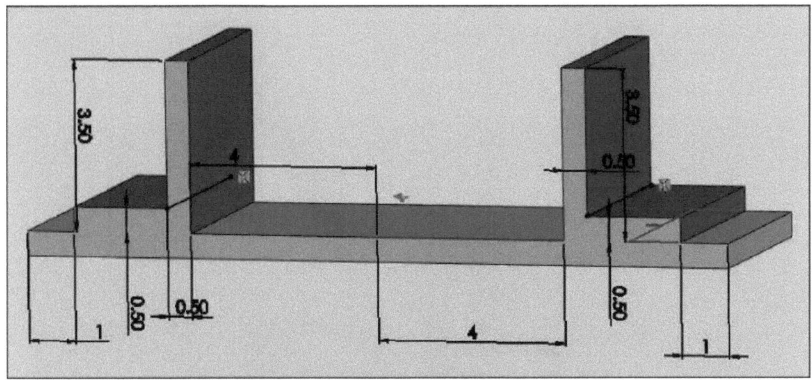
Fig. 4.12(b) Gabaritos e dispositivos concebidos

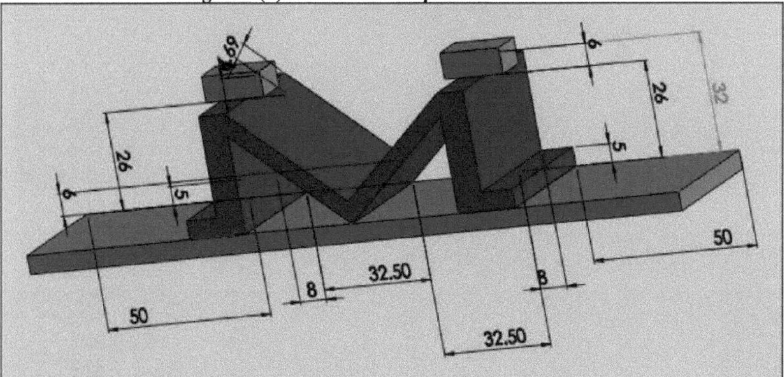
Fig. 4.12 (c) Gabaritos e dispositivos concebidos

4.4 Prensa manual

Os gabaritos e dispositivos concebidos para o desramador foram desenvolvidos com o único objetivo de reduzir o tempo consumido na produção, com menos esforços a serem colocados nas operações (Fig. 4.13). Foi utilizada uma prensa manual em vez de uma prensa eléctrica, para reduzir a complexidade da operação e para garantir a mobilidade da operação.

4.5 Desenvolvimento de gabaritos e dispositivos

O objetivo da conceção de um gabarito para a máquina de cortar arroz era eliminar o consumo de tempo no processo e aumentar a qualidade do produto. O gabarito e o dispositivo de fixação concebidos para dobrar o flutuador foram desenvolvidos (Fig. 4.14 e 4.15) de acordo com o projeto produzido. A Fig. 4.15 mostra o gabarito e o dispositivo em posição para efetuar a operação de dobragem. O gabarito para dobrar o flutuador tinha uma extremidade circular, de modo a dar uma forma cónica ao flutuador para aumentar a eficiência do equipamento.

O dispositivo desenvolvido para produzir a estrutura (Fig. 4.16 & 4.17) com um número mínimo de operações de soldadura envolvidas, pretendia que as placas fossem dobradas num ângulo de 90^0.

A Fig. 4.17 mostra a configuração do gabarito e da fixação na máquina de dobragem, que utiliza força mecânica para criar dobras. Os gabaritos foram concebidos de forma a reduzir a operação de soldadura.

Fig. 4.13 Prensa manual

Fig. 4.14 Dispositivo desenvolvido para dobrar o flutuador

Fig. 4.15 Gabarito desenvolvido para dobrar o flutuador

Fig. 4.16 Gabarito desenvolvido para placas de flexão

Fig. 4.17 Conjunto de gabarito e dispositivo para o fabrico da estrutura

Fig. 4.18(a) Matriz desenvolvida para lâminas de corte

Fig. 4.18(b) Cunho desenvolvido para lâminas de corte

4.6 Ferramentas de trabalho para prensas

Foi concebido um molde para fabricar as lâminas de corte com redução de tempo e aumento exponencial da qualidade. O molde (Fig. 4.18(a) & 4.18(b)) foi assim posicionado com a ajuda de dispositivos de fixação, tendo o centro de pressão já calculado. A operação de corte foi então efectuada (Fig. 4.19), as lâminas obtidas tinham um bom acabamento superficial e estavam prontas a ser utilizadas.

Fig. 4.19 Lâminas obtidas após a operação de corte

Fig. 4.20 Lâmina de corte com sucata produzida após o corte

A operação de prensagem foi efectuada por uma prensa hidráulica com uma tonelagem de 50 toneladas. Verificou-se uma diminuição considerável do tempo consumido na operação. Na operação de corte, a quantidade de metal cortado é a parte pretendida, pelo que foram previstas folgas adequadas e foram tomadas medidas para obter a parte pretendida intacta. A Fig. 4.20 mostra a lâmina de corte obtida após a operação de corte em branco, juntamente com o material removido como sucata.

Fig. 4.21 Dispositivo desenvolvido para a operação de soldadura

4.7 Estrutura de soldadura

A precisão na operação de soldadura pode ser aumentada exponencialmente com a utilização de uma estrutura, que pode segurar as placas a soldar com flutuação, partilhando um ângulo de 150° entre elas. A estrutura desenvolvida é mostrada na Fig. 4.21.

4.7.1 Melhoria do equipamento

Com os novos gabaritos e dispositivos desenvolvidos, o consumo de tempo nos processos foi reduzido para um valor notável de cerca de 49,25%. O tempo calculado para cada uma das operações é apresentado nas tabelas 4.1 e 4.4. As Fig. 4.22 e 4.23 mostram a diferença entre as pegas fabricadas pelos métodos tradicionais e com a ajuda dos gabaritos e acessórios.

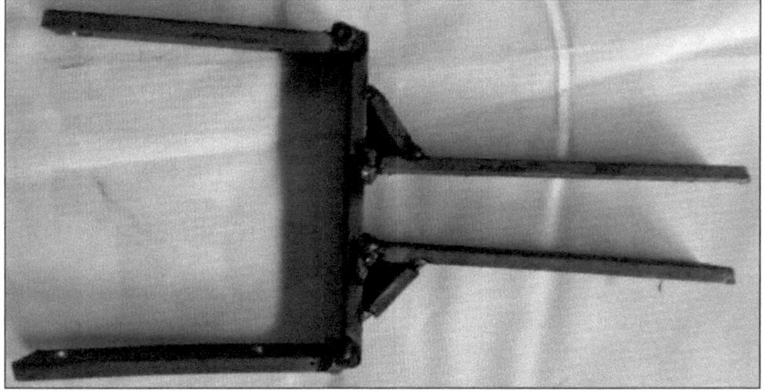

Fig. 4.22 Pega fabricada por métodos tradicionais

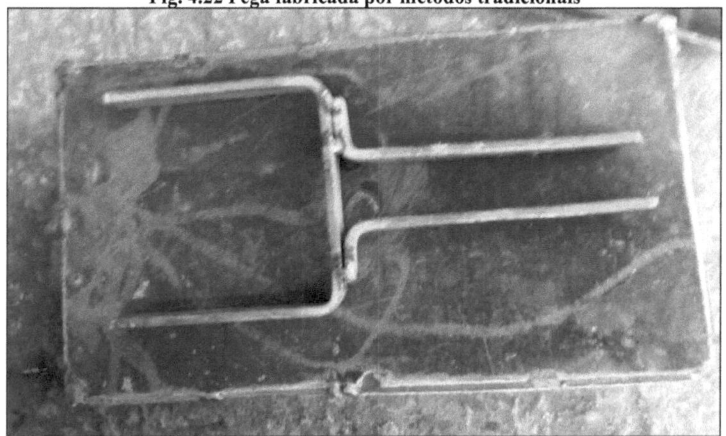

Fig. 4.23 Pega feita por gabaritos e acessórios

A diferença entre a estrutura fabricada por métodos tradicionais (Fig. 4.24) e a fabricada com a ajuda de gabaritos (Fig. 4.25) mostra a aplicabilidade das ferramentas de processo assim desenvolvidas.

Fig. 4.24 Quadro fabricado tradicionalmente

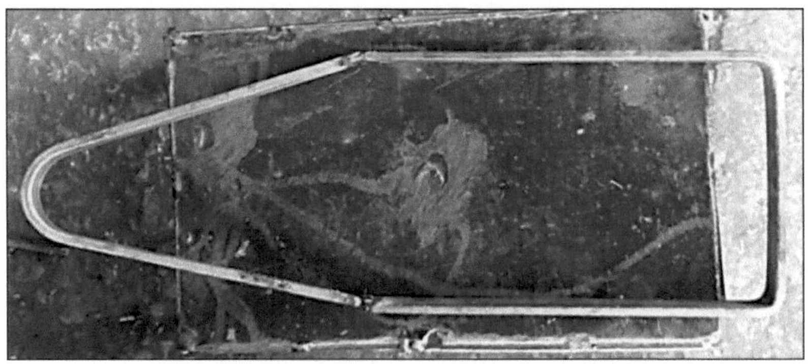

Fig. 4.25 Estrutura fabricada por gabaritos e acessórios

A partir das Tabelas 4.1 e 4.4, é evidente que os gabaritos melhorados provam ser uma poupança de tempo, reduzindo o número de operações.

Tabela 4.4 Tempo consumido/unidade por gabaritos e acessórios (Tempo médio / operação = 2 h.)

S. Não.	Operação efectuada	Tempo consumido (em seg.)
1	Placa MS de marcação (5 mm)	15
2	Corte	35
3	Flutuador de corte	07
4	Almofada flutuante de marcação + corte	50
5	Dobragem	60
6	Ajuste da matriz para perfuração	12
7	Perfuração	08
8	Corte de dentes	38
9	Soldadura (temporária + permanente)	90

10	Tratamento térmico	60
11	Corte e perfuração de tubos	30
12	Aperto de porcas e parafusos	40
	Tempo total decorrido	**445**

A Tabela 5.3 mostra a redução da quantidade de operações de soldadura necessárias para a produção. As chapas dobradas foram então submetidas a um tratamento térmico para reduzir a quantidade de tensões internas nelas desenvolvidas, como resultado de várias operações nelas efectuadas.

Tabela 4.5 Operação de soldadura para o método tradicional

S. Não.	Nome da peça	N.º de operações de soldadura
1	Armação do sacudidor	02
2	Armação de união com flutuador	02
3	Armação da pega de união	02
4	Pega	02
5	Tarugos	04
	Total	**12**

As ferramentas de fabrico desenvolvidas ajudaram a reduzir a quantidade de certas operações e, em certa medida, a eliminá-las. A diminuição da quantidade de operações necessárias pode ser observada nos quadros 4.5 e 4.6. O número de vezes que a operação de soldadura foi envolvida no processo de produção pelos métodos tradicionais foi de 12 e o consumo relativo de tempo no processo também foi encontrado.

Tabela 4.6 Operações de soldadura para gabaritos desenvolvidos

S. Não.	Nome da peça	N.º de operações de soldadura
1	Armação de união com flutuador	02

2	Pega	04
	Total	**06**

4.8 Otimização

O método de Taguchi baseia-se na realização de avaliações ou experiências para testar a sensibilidade de um conjunto de variáveis de resposta a um conjunto de parâmetros de controlo (ou variáveis independentes), considerando experiências em "matriz ortogonal" com o objetivo de obter a definição óptima dos parâmetros de controlo. As matrizes ortogonais proporcionam o melhor conjunto de experiências bem equilibradas (mínimo) (Phadke, 2009). O nome de uma matriz indica o número de linhas e colunas que possui, bem como o número de níveis em cada uma das colunas.

As relações sinal/ruído (S/N), que são funções logarítmicas da saída desejada, servem como funções objetivo para a otimização, ajudam na análise de dados e na previsão dos resultados óptimos. O ruído está presente no processo, mas não deve ter qualquer efeito na produção. Este é o principal objetivo das experiências Taguchi: minimizar as variações na produção, apesar de o ruído estar presente no processo. O método Taguchi trata os problemas de otimização em duas categorias: problemas estáticos e problemas dinâmicos.

4.8.1 Etapas da realização da experiência de Taguchi

Os processos envolvidos na execução da experiência de Taguchi são os seguintes (Antony, 2001)

Passo1 Formulação do problema - o sucesso de qualquer experiência depende de uma compreensão completa da natureza do problema.

Etapa 2 Identificação das caraterísticas de desempenho da produção mais relevantes para o problema.

Etapa 3 Identificação dos factores de controlo, dos factores de ruído e dos factores de sinal (se existirem). Os factores de controlo são aqueles que podem ser controlados em condições normais de produção. Os factores de ruído são aqueles que são demasiado difíceis ou demasiado dispendiosos de controlar em condições normais de produção. Os factores de sinalização são os que afectam o desempenho médio do processo.

Etapa 4 Seleção dos níveis dos factores, das interações possíveis e dos graus de liberdade associados a cada fator e aos efeitos de interação.

Etapa 5 Conceção de uma matriz ortogonal (OA) adequada.

Etapa 6 Preparação da experiência.

Etapa 7 Realização da experiência com recolha de dados adequada.

Etapa 8 Análise estatística e interpretação dos resultados experimentais.

Etapa 9 Realização de um ensaio de confirmação da experiência.

4.8.2 Relação sinal/ruído (S/N)

Existem três formas de relação sinal/ruído (S/N) que são de interesse comum para a otimização de problemas estáticos.

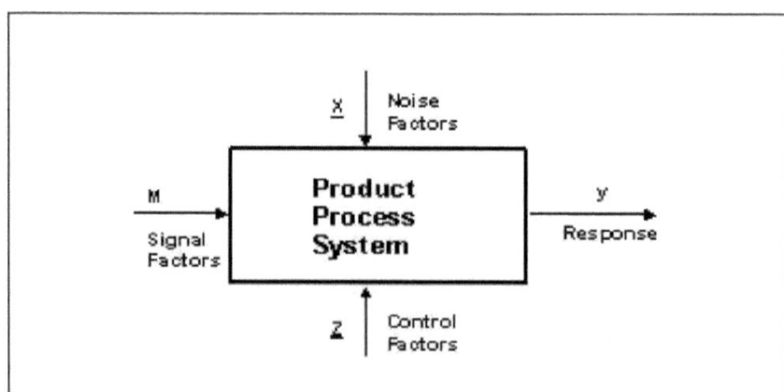

Fig. 4.26 Diagrama de parâmetros de um processo

1. Quanto mais pequeno, melhor

Isto é expresso como,

$$SNR = -10 * \log(\Sigma\,(Y^2)/n)\,...\quad\text{(i)}$$

Este é normalmente o rácio S/N escolhido para todas as caraterísticas indesejáveis, como os "defeitos", para os quais o valor ideal é zero. Quando um valor ideal é finito e o seu valor máximo ou mínimo é definido (como a pureza máxima é 100% ou a temperatura máxima é 92 K ou o tempo mínimo para fazer um telefone é de 1 segundo), espera-se que a diferença entre os dados medidos e o valor ideal seja tão pequena quanto possível.

2. Quanto maior, melhor

Isto é expresso como,

$$SNR = -10 * \log(\Sigma\,(1|Y^2)|n)\quad...\quad\text{(ii)}$$

Este valor é frequentemente convertido em menor quanto melhor, tomando o recíproco dos dados medidos e, em seguida, tomando a relação S/N como no caso de menor quanto melhor.

3. Nominal o melhor Isto é expresso como,

$$SNR = 10 * \log\left(\overline{Y}^{2}\,|S^2\right)...\quad\text{(iii)}$$

Este caso surge quando um valor especificado é o mais desejado, o que significa que nem um valor mais pequeno nem um valor maior são desejados.

4.8.3 Conceção das experiências

Uma experiência concebida é um teste ou uma série de testes em que são introduzidas alterações propositadas nas variáveis de entrada de um processo ou sistema, de modo a podermos observar e identificar as razões das alterações na resposta de saída. Por exemplo, a Fig. representa um processo ou sistema em estudo. Os parâmetros do processo x1, x2, x3, ... xp são controláveis, enquanto outras variáveis z1, z2, z3, ...,zq são incontroláveis. O termo y refere-se à variável de saída. Os objectivos da experiência são os seguintes: - Determinar quais as variáveis que mais influenciam a resposta, y.

- Determinar onde colocar os x's influentes de modo a que y esteja quase sempre próximo do valor nominal desejado.
- Determinar onde definir os x's influentes para que a variabilidade em y seja pequena.
- Determinar onde definir os x's influentes de modo a minimizar os efeitos dos incontroláveis z1, z2 ...*zq*.

O projeto experimental é utilizado como uma ferramenta importante em numerosas aplicações. Por exemplo, é utilizada como uma ferramenta vital para melhorar o desempenho de um processo de fabrico e nas actividades de conceção de engenharia.

A utilização do desenho experimental nestas áreas resulta em produtos mais fáceis de fabricar, produtos com melhor desempenho e fiabilidade no terreno, menor custo do produto e tempo reduzido de conceção e desenvolvimento do produto.

A abordagem de Taguchi baseia-se totalmente na conceção estatística das experiências. Para a otimização de Taguchi, vários parâmetros foram considerados eficazes, com impacto direto no ciclo de produção, e esses parâmetros relevantes foram definidos como factores de controlo para o processo de produção. O objetivo de todo o exercício era minimizar o tempo de produção do desramador de arroz (com uma variação mínima). Utiliza-se uma matriz ortogonal para estudar todo o processo através de várias experiências.

4.9 Identificação do desempenho da produção

Neste caso, o objetivo é minimizar o tempo de produção para o fabrico de uma máquina de cortar ervas daninhas. Assim, utilizando a função "small-the-better", a diferença entre as caraterísticas de entrada escolhidas para as experiências e as suas definições relativas de alta e baixa são apresentadas no Quadro 4.7.

Quadro 4.7 Factores de controlo e respectiva gama de definições para a experiência

Factores de controlo	Etiquetas	Nível 1	Nível 2
Material	A	M.S.	S.S
Corte de metais	B	11	05
Corte de lâminas	C	08	01
Dobragem	D	01	07

| Perfuração | E | 14 | 06 |
| Soldadura | F | 12 | 06 |

4.10 Conceção de uma matriz ortogonal

A seleção de uma matriz ortogonal (OA) adequada depende do número total de factores de controlo com impacto no processo de produção e do número total de níveis entre os quais esses factores variam. Neste caso, temos um total de cinco factores de controlo com um impacto viável na produção, tendo sido definidos dois níveis no total.

Tabela 4.8 Seleção da matriz ortogonal

Matriz ortogonal	Número de linhas	N.º máximo de factores	N.º máximo de colunas a estes níveis			
			2	3	4	5
L4	4	3	3	-	-	-
L8	8	7	7	-	-	-
L9	9	4	-	4	-	-
L12	12	11	11	-	-	-
L16	16	15	15	-	-	-

Por conseguinte, uma matriz ortogonal *L8* (Tabela 4.8) com cinco colunas e oito linhas foi adequada e utilizada neste estudo. A disposição normalizada dos parâmetros utilizando a matriz ortogonal L8 é apresentada no Quadro 4.9. Cada linha desta tabela representa uma experiência com diferentes combinações de parâmetros e respectivos níveis.

Quadro 4.9 Matriz L8 normalizada para dois níveis e cinco factores

Experiência	Pi	P2	P3	P4	P5	P6
1	1	1	1	1	1	1
2	1	1	1	2	2	2
3	1	2	2	1	1	2
4	1	2	2	2	2	1
5	2	1	2	1	2	1
6	2	1	2	2	1	2
7	2	2	1	1	2	2
8	2	2	1	2	1	1

Ambos os processos são suficientes para produzir o produto completo por si só. O processo de produção de todos os conjuntos experimentais foi efectuado para cada experiência e o tempo de produção foi

registado. A disposição experimental da matriz ortogonal L8 é apresentada na Tabela 4.10.
Tabela 4.10 Esquema experimental para a matriz ortogonal L8

Experiência	C	D	E	F	A	B
1	08	01	14	12	M.S.	11
2	08	01	14	06	S.S.	05
3	08	07	06	12	M.S.	05
4	08	07	06	06	S.S.	11
5	01	01	06	12	S.S.	07
6	01	01	06	06	M.S.	11
7	01	07	14	12	S.S.	11
8	01	07	14	06	M.S.	05

4.11 Desenvolvimento da matriz de conceção

A seleção das configurações óptimas depende do objetivo da experiência ou da natureza do problema em estudo. Neste caso, o objetivo era minimizar o tempo do processo de produção. No método de Taguchi, o objetivo é identificar as regulações dos factores que produzem a mais baixa relação sinal-ruído (SNR), regulações essas que certamente produziriam um produto mais fiável. As relações sinal/ruído (S/N), que são funções logarítmicas do resultado desejado, servem de funções objetivo para a otimização, ajudam na análise dos dados e na previsão dos resultados óptimos. A relação sinal/ruído mede a sensibilidade da qualidade investigada aos factores incontroláveis (erro) da experiência. O objetivo das experiências é otimizar o processo de produção de uma máquina de cortar ervas daninhas e descobrir o tempo mínimo de conclusão de uma operação. Depois de identificados os factores de controlo com as suas definições altas e baixas, a ênfase foi colocada nas definições que melhor amorteceriam os efeitos dos factores de ruído produzidos durante o funcionamento do sachador. De acordo com Taguchi, há sempre uma combinação óptima de ajustes de factores que contrariam o efeito do ruído de forma eficiente. A fim de minimizar os efeitos dos factores de ruído, foram tomadas medidas de tempo para todas as experiências. O tempo começou no momento em que o trabalhador iniciou a operação de marcação, seguida de corte, dobragem, perfuração e o cronómetro foi parado quando a operação final de soldadura foi concluída.

A escolha da matriz ortogonal é um passo importante no processo, uma vez que permite ao examinador calcular os efeitos através de um número mínimo de ensaios experimentais. Na presente análise, foi utilizada a matriz ortogonal L8 com 5 colunas e 8 linhas. Esta matriz pode tratar parâmetros de dois níveis. Assim, apenas foram necessárias oito experiências para estudar o processo de produção. A disposição experimental da matriz ortogonal é apresentada no Quadro 4.11. Uma vez estabelecidas as definições óptimas, é necessário efetuar o ensaio de confirmação antes de prosseguir.

Quadro 4.11 Esquema experimental

Factores/Interações	C	D	E	F	A	B	Tempo consumido (em seg.)
Número do ensaio							
1.	1	1	1	1	1	1	896, 866

2.	1	1	1	2	2	2	648, 662
5.	1	2	2	1	1	2	720,718
5.	1	2	2	2	2	1	550,556
5.	2	1	2	1	2	1	734, 728
6.	2	1	2	2	1	2	639, 642
7.	2	2	1	1	2	2	820,812
8.	2	2	1	2	1	1	630, 627

Foi utilizado o rácio som/ruído relacionado com a qualidade STB (small-the-better). Para as caraterísticas de qualidade STB, o SNR é dado pela seguinte equação

$$SNR = -10 * \log(\Sigma\,(Y^2)/n) \quad \ldots\ldots (i)$$

Onde, n = número de valores em cada condição de ensaio
Y = cada valor observado.

Em situações em que é viável efetuar várias execuções para cada uma das execuções experimentais fornecidas pela matriz de conceção. A execução de experiências com diferentes definições revelou-se útil para reduzir o tempo consumido. Foram efectuadas duas execuções para cada uma das experiências, de modo a obter uma ideia mais clara do processo. A Tabela 4.12 ilustra os valores de SNR (com base na Equação 1) correspondentes a cada condição de ensaio. Os valores obtidos em cada ensaio foram substituídos na Equação 1 e os valores assim obtidos foram designados como o valor SNR da respectiva operação. Os valores de SNR assim obtidos foram estabelecidos de forma categórica e foram analisados tanto para os valores altos como para os valores baixos dos factores de controlo.

Tabela 4.12 Tabela SNR

Número do ensaio	SNR	Número do ensaio	SNR
1	-58.9007	5	-57.2784
2	-59.3356	6	-56.1304
3	-57.1345	7	-58.2339
4	-55.8540	8	-55.9661

Os valores médios de SNR em cada nível foram tomados,
SNR média no nível 1 para o fator "C" =

$$\overline{SNR}\,C_1 = \frac{1}{4} * \{(-58.9007) + (-59.3356) + (-57.1345) + (-55.8540)\}$$

$$= -57.5562$$

Da mesma forma, foi calculada a SNR no nível 2 para o fator "C",

$$\overline{SNR}C_2 = \frac{1}{4} * \{(-57.2784) + (-56.1304) + (-58.2339) + (-55.9661)\}$$

$$= -56.9022$$

Estimativa do efeito $= \overline{SNR}C_2 - \overline{SNR}\,C_1$
$= -56.9022 - (-57.5562) = 0.654$

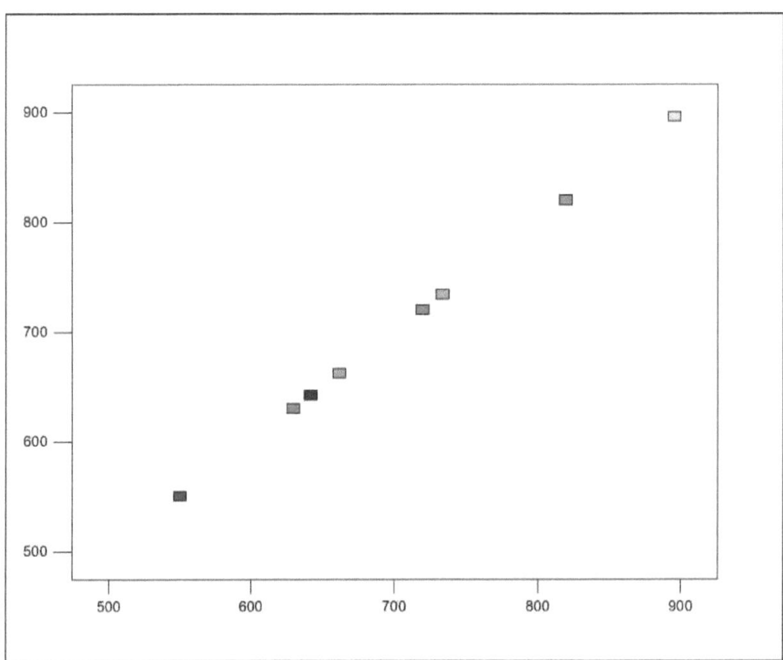

Fig. 4.27 Tempo decorrido nas operações

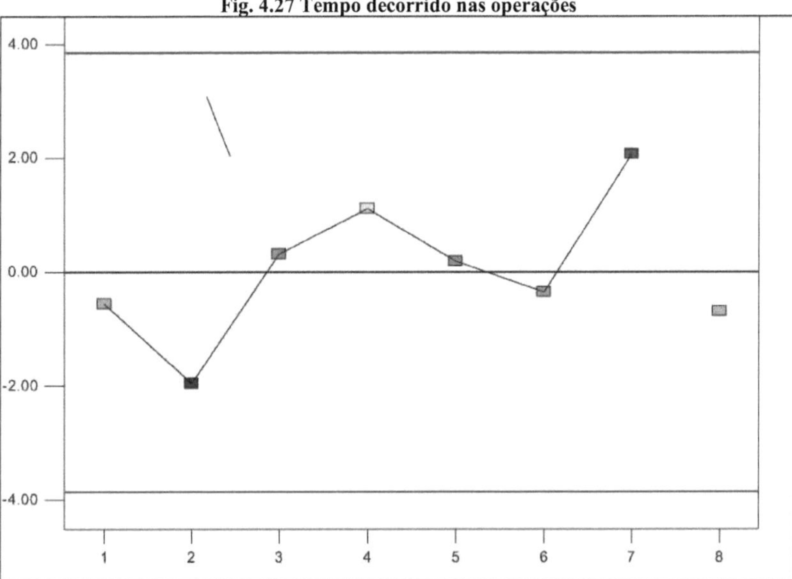

Fig. 4.28 Resíduos em relação à condição de funcionamento

Da mesma forma, os valores para todos os factores de controlo foram calculados e tabulados. Os valores de SNR em ambos os níveis são apresentados na Tabela 4.13.

A análise de Taguchi é efectuada com base na metodologia da "média dos resultados". A Tabela 4.13 representa os valores médios de SNR nos níveis baixo (nível 1) e alto (nível 2) e os efeitos de cada parâmetro na SNR. Nomeadamente, SNR-1 para definições de nível baixo e SNR-2 para definições de nível alto.

Tabela 4.13 Tabela SNR média

Factores	C	D	E	F	A	B
SNR-1	-57.5562	-57.9112	-58.1090	-57.8868	-57.0329	-57.0297
SNR-2	-56.9022	-56.5471	-56.3493	-56.5715	-57.6085	-57.4286
Efeito Estimativa	0.654	1.3640	1.7596	1.3152	-0.5756	-0.3989

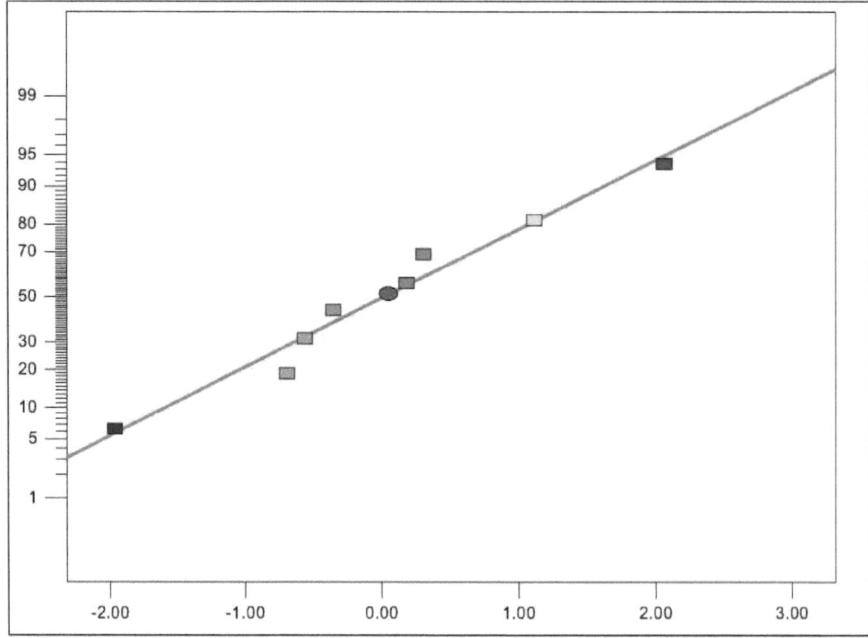

Fig. 4.29 Gráfico normal para os resíduos

Capítulo 5
RESULTADOS E
DISCUSSÃO

A Fig. 5.1 mostra o gráfico de barras dos efeitos principais com os seus parâmetros e a sua variação entre os níveis alto e baixo. A Fig. mostra que a caraterística mais dominante é a operação de soldadura, seguida pela perfuração, dobragem, corte de metal, material e corte de lâmina. A fim de estudar o efeito das variáveis e as possíveis interações entre elas num número mínimo de ensaios, foi adotado o método de Taguchi para o desenho experimental. Com estas definições, é evidente que os parâmetros fixados nos seus níveis óptimos garantem uma melhoria significativa da função de resposta. Uma vez que existem apenas dois níveis, todos os parâmetros terão um efeito linear, pelo que, para efeitos não lineares, é necessário selecionar mais níveis.

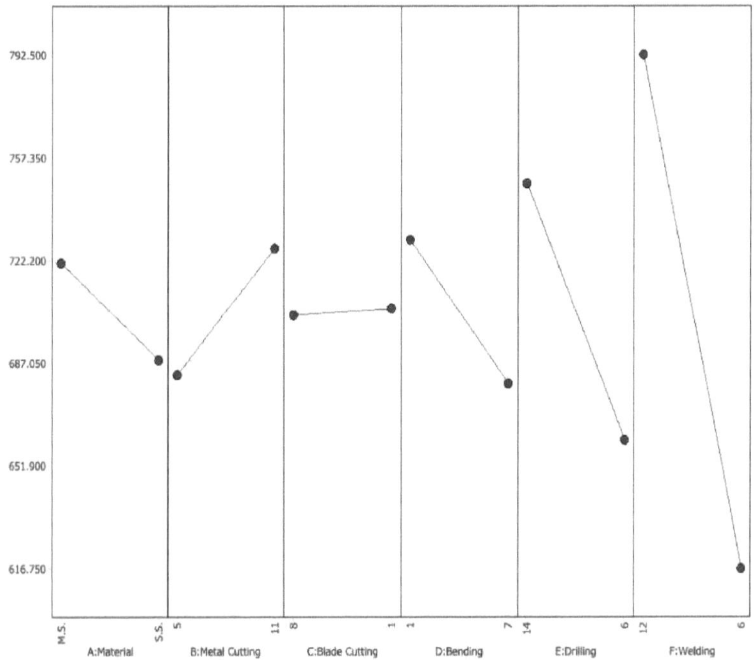

Fig. 5.1 SNR para os factores de controlo

5.1 Determinação das definições óptimas dos factores de controlo

No total, foram fabricados cinco equipamentos com as configurações obtidas e o tempo médio de produção foi registado em 10,11 minutos. Isto revela uma melhoria de cerca de 30% no tempo médio de produção.

Quadro 5.1 Definições óptimas do fator de controlo

Factores de controlo	Nível ótimo
Material	Nível 1
Corte de metais	Nível 1

Corte de lâminas	Nível 2
Dobragem	Nível 2
Perfuração	Nível 2
Soldadura	Nível 2

A partir dos ensaios de confirmação, ficou provado que as operações de soldadura, perfuração e dobragem tiveram o efeito mais significativo na produção de sachadores.

- O tempo médio de produção dos ensaios de confirmação foi de 10,11 minutos, o que revela uma redução de cerca de 31% no tempo médio de produção.
- A partir da análise, a contribuição dos principais factores foi identificada como Material (A) = Aço macio (M.S.), Operação de corte de metal (B) = 11 vezes, Operação de corte de lâminas (C) = 01 vez, Operação de dobragem (D) = 07 vezes, Operação de perfuração/perfuração (E) = 06 vezes, Operação de soldadura (F) = 06 vezes

CONCLUSÃO

Através de uma análise adequada de todos os parâmetros do processo envolvidos na produção de escarificadores de arroz, discutidos no capítulo anterior, verificou-se que alguns dos processos que mais afectaram a produção atempada foram operações como a soldadura e o corte de dentes.

Assim, foram concebidos gabaritos, de modo a minimizar o número de juntas de soldadura efectuadas e a reduzir o tempo consumido no processo de corte dos dentes. A implementação de gabaritos e fixações melhorados no processo de produção revelou-se muito bem sucedida, uma vez que o tempo médio de produção de um extirpador de arroz com a utilização destes gabaritos foi 49,25 % inferior ao dos produzidos com métodos tradicionais. Deste modo, os fabricantes podem aumentar a taxa de produção.

Os gabaritos e acessórios foram projectados e desenvolvidos para fins de produção específica e foram fabricados de acordo com a forma a ser obtida na peça de trabalho. O custo e o tempo consumidos na construção do dispositivo dedicado só se justificam quando a quantidade e a qualidade da produção são elevadas. Os dispositivos assim desenvolvidos ajudaram a eliminar a operação de soldadura e a reduzir os esforços dos trabalhadores nas operações de dobragem. Verificou-se que o tempo decorrido nas operações com os dispositivos tradicionais e com os dispositivos reduziu-se em 45%, o que ajudou a desencadear o processo de produção e permitiu a produção em massa.

O dispositivo de maquinagem é um contributo fundamental para a capacidade de fabrico de um componente e deve ser concebido para otimizar o desempenho de todo o processo de maquinagem. A matriz desenvolvida para o corte em branco das lâminas de corte com a ajuda de uma prensa eléctrica ajudou a poupar o tempo consumido no fabrico das lâminas de corte. As matrizes foram colocadas, apoiadas e fixadas com exatidão, o que reduz o tempo de regulação da máquina, aumentando assim a produtividade em 40% e aumentando também a precisão, melhorando a qualidade da maquinagem e o controlo do processo. Com uma taxa de rejeição inferior a 2% e um aumento de 40% na produtividade, com uma redução de 73% no tempo decorrido para a operação, o custo de construção e manutenção do conjunto de matrizes pode ser recuperado em menos de um ano.

A relação som/ruído (SNR) foi calculada e, uma vez que o objetivo era minimizar o tempo decorrido no processo, na experiência para reduzir o tempo consumido na produção, foram comparados os valores altos e baixos da SNR e foram adoptados os valores mais baixos da SNR. O método Taguchi é uma abordagem poderosa para resolver problemas de variabilidade e otimização do processo. Todos os parâmetros de controlo foram estudados a dois níveis, os principais benefícios incluem poupanças consideráveis de tempo e de recursos; determinação de factores importantes que afectam o funcionamento, o desempenho e o custo; e recomendações quantitativas para os parâmetros de conceção que permitem obter soluções de custo mais baixo e de elevada qualidade.

O novo processo de produção optimizado inclui parâmetros com os gabaritos e acessórios melhorados, como se segue:

- Material (A) = Aço macio (M.S.).
- Operação de corte de metais (B) = 11 vezes.
- Operação de corte da lâmina (C) = 01 tempo.
- Operação de dobragem (D) = 07 vezes.
- Operação de perfuração / puncionamento (E) = 06 vezes.
- Operação de soldadura (F) = 06 vezes.

Com a definição acima, é evidente que os parâmetros definidos nos seus níveis óptimos garantem uma melhoria significativa da função de resposta. Uma vez que existem apenas dois níveis, todos os parâmetros terão um efeito linear, pelo que, para efeitos não lineares, é necessário selecionar mais níveis.

Âmbito do trabalho futuro

A conceção de experiências utilizando a abordagem Taguchi pode melhorar significativamente a capacidade de uma organização para satisfazer as exigências do mercado, mantendo os custos de fabrico baixos e fornecendo produtos de alta qualidade. O DOE utilizando a abordagem Taguchi pode satisfazer economicamente a necessidade de resolução de problemas e de projectos de otimização do design do processo do produto. A abordagem pode ajudar a integrar as funções de custo e de engenharia através da abordagem concorrente necessária para avaliar o custo ao longo do projeto experimental.

A taxa de produção do desramador pode ser aumentada através da incorporação dos gabaritos e acessórios desenvolvidos numa prensa eléctrica, em vez de uma prensa manual. No entanto, seria necessária uma maior otimização do processo para justificar a indução.

REFERÊNCIAS

Ali, M. e Mahalle, G., (2013)," Conceção e análise de um dispositivo de perfuração com alavanca de peso", IJPRET, Vol.1 No.8, pp. 177-186

Antony, J., Antony, F.J. (2001), "Teaching the Taguchi method to industrial engineers", Work Study, Vol. 50 No. 4, pp. 141-149.

Dongre, S.D., Gulhane, U.D., Kuttarmare, H.C.(2014) "Design and Finite Element Analysis of JIGS and Fixtures for Manufacturing of Chassis Bracket", IJRAT, Vol 2, No.2.

Fraley, S., Oom, M., Terrien, B., Zalewski, J. (2007), "Conceção de experiências através dos métodos de Taguchi: ortogonal arrays",https://controls.engin.umich.edu/wiki/index.php.

Hosseinzadeh, H., Zamini, S.A., Taheri, A. (2011), "An optimization of new die design of sheet hydroforming by Taguchi Method", World Academy of Science, Engineering and Technology, Vol. 5 No. 2.

Jeyapaul, R., Shahabudeen, P., K. Krishnaiah, Simultaneous optimization of multi response problems in the Taguchi method using genetic algorithm, Int J Adv Manuf Technol (2006) 30: 870-78.

Kepner, R. A., Bainer, R. e Barger, E. L. 1978. Principles of farm machinery, 3ª edição, AVI publication Co., INC., Westport, Connecticut.

Mishra, B.P., Panday, V.K., e Dwivedi, D.K., (1993) Effect of different weeding methods on energy and economic management under Khura rice cultivation system. All India seminar of Agril. Engineers, Institution of Engineers (India), Jabalpur.

Montgomery, D.C., "Design and analysis of experiments", 3rd edition, John wiley and sons, 1991.

Nag, P.K., Dutt, P. (1979)," Effectiveness of some simple agricultural weeder with reference to physiological responses". J. Human Ergol. 8 (1) pp.11-21.

Phadke, M.S., "Quality engineering using robust design", 2nd edition, Pearson, 2009.

Sibalija, T.V., Majstorovic, V.D., Novel Approach to Multi-Response Optimization for Correlated Responses, FME Transactions (2010) 38, 39-48.

Verma, A. (2010), "Estudos de conceção, desenvolvimento e avaliação do desempenho de uma máquina rotativa de remoção de ervas daninhas para arroz amiga do género". Journal of Agricultural Issues.

Yadav, R. e Pund S., (2007)," Development and Ergonomic Evaluation of Manual Weeder",CIGR Ejournal, Vol. 9.

Printed by Books on Demand GmbH, Norderstedt / Germany